U0320367

犀照·意解心开

案頭書
DESK BOOK

中国生态六讲

蒋高明 著

中国科学技术出版社
·北京·

走入与自然和谐相生的生态文明之路

目 录

第三讲 | 临渴掘井——别再伤害生命之源

第四讲 | 大地裸露——当森林成为遮羞布

治污需要检讨我们的价值观

从前冰城美呀四季清呀爽呀

今天十米开外看不清哪是哪呀

听说那方圆千里都白茫茫茫霾呀

耳轮里有汽笛声声在大雾里开呀

我看见妹子在街上拼命捂着嘴

捂着嘴的心情有种窒息的滋味

——节选自歌曲《万雾生》

污染是工业化现代社会初级大发展阶段的通病，不污染自己就污染别人。中国本来具有后发优势，在现代化的过程中本来可以从容前进，一定程度上减少污染，但事与愿违，仅仅几十年，我们就已经错过了清洁发展的良机。

中国经济最发达的地区，也是各种污染最厉害的地区，大致对应于地理学中"胡焕庸线"的东南侧。发达地区产生污染并消化了自己的污染？事实上消化不了，还向欠发达地区输出。从这个角度看，大城市动不动就埋怨周边地区输入了污染，平均起来讲，不够厚道。大城市之所以能繁荣、能一天一天地运行下去，是因为有周边的无数支撑：食物、水、能源等供给和大量废物收纳。发达国家的大城市环境好像非常不错啊？没错。但是不要忘记，一方面人家经过了几十年的艰苦治理，另一方面已把可能的污染转嫁给了发展中国家。用田松教授的话说，人家处于现代化的"上游"（对应于传销的"上家"），我们想成为上游却办不到，而找自己的"下游"（对应于"下家"）既不道德也不被允许。

重度雾霾笼罩京华大地，苍生同呼吸着有毒物质，一些人还因此莫明其妙地感受到了少有的平等。几乎人人抱怨空气质量不佳，似乎一切与己无关。事实上污染联系着每个人，有我们的放纵也有我们的失职。现有条件下，风小了，霾就会形成、聚集。这是基本事实，人们却不愿意承认。大风过后，京城迎来了所谓的APEC蓝。好了伤疤忘了痛，治理污染早被抛到脑勺后，下次重霾生成（注意不是"来袭"）则再下决心。重霾不去，则紧急出台一些措施（比如交通限行），不切实际地期望措施立即奏效。民间流传：纳税人的钱与其用来供养环保局的大大小小还不如盖几座风神庙！言外之意，当下的环保局保护不了环境，也治不了北京的重霾，而大风一吹霾确实飘走了！环境如此恶劣，逆来顺受的中国百姓却也从容得很、幽默得很，网络微博、微信充斥着让人笑不出的环境段子和改编版《万物生》《乡愁》。

当下环境问题、生态问题是怎样的问题？是人类个体生活中能够感受到的一种外在压迫，是由人以外的自然界施加的一种限制。不过，这的确是最粗浅的感受。2014年李克强总理答记者问时说："我说要向雾霾等污染宣战，这是因为这是社会关注的焦点问题。许多人早晨一起来，就打开手机查看PM2.5的数值，这已经成为重大的民生问题。我们说要向雾霾等污染宣战，可不是说向老天爷宣战，而是要向我们自身粗放的生产和生活方式来宣战。"从演化论的角度看，污染问题不是"外在的"，而是内在于天人系统的一种病，是人与大自然之间的一种不适应现象。此种病无疑由作为普通物种的人这种动物引发，是由少数人发动、多数人参与造就的作孽行为。但产生此类问题的一系列行为并没有直接标着"作孽"，往往打着"现代化""发展""提高人们的生活水平"之类美好旗号，百姓对此完全没有警觉，相当程度上也成为作孽的帮凶。从收益（损失）角度分析，环境问题、生态问题产生和治理过程中，人类群体中并非每个人、每个群体都机会均等、利害均摊，相反，总是一小部分人牺牲多数人的利益而获利更多，环境问题的积累也必然产生政治效应，于是这些问题也必然是实实在在的民生问题、政治问题。

环境问题愈演愈烈，与政策导向直接相关。长期以来，发展或者超高速发展成了缓解社会矛盾、政治"维稳"的万能法宝。几年前北京市还在鼓励普通百姓购买小汽车，因为政府当时最在乎的是经济增长，而现在除了摇号还限行，一周限一天还不过瘾，据说还要把单双号限行常态化。照此下去每家两辆车将成为标配，再进一步，一周也可能只允许一天开车出行！在"发展是硬道理"的口号下，不从源头动手，环境治理是一句空话。李克强总理在2014年就已说过："对包括雾霾在内的污染宣战，就要铁腕治污加铁规治污，对那些违法偷排、伤天害人的行为，政府绝不手软，要坚决予以惩处。"希望这些漂亮话在面对经济增长的压力时也能够落实。治污染跟反腐败一样，不动真格的，机构、文件再多、话说得再漂亮也没用。

辩证法在中国成了变戏法。又要经济又要环境，表面上滴水不漏。又如"加强农业转基因技术研发和监管，在确保安全的基础上慎重推广"，字面上看挑不出毛病，支持与反对转基因者都能读出自己想要的意思。但是各部门、各地方需要的是具体的操作指南。如何确保安全？谁来确保安全？什么叫慎重推广？有人故意违规如何处理？模糊的政策和法律在操作中变成了只要经济不要环境。如书中所言，一些人叫嚣："宁愿被毒死，也不愿意被饿死"。这样的口号只肥了少数人，排污企业的老板极少生活在当地，他们甚至可以不生活在中国。实际上，当地的百姓不会立即毒死也不会立即饿死。癌症村的频繁出现，像审美疲劳一般令全社会感到麻木；媒体起初还有一点报道的兴致，但在更为令人触目惊心的新事件面前，它们已经算不上吸引眼球的新闻。"人咬狗"（如公然破坏生态和环境）一开始的确是新闻，但这类事情多了也就不成为新闻。污染导致的通常是慢性中毒，不发展或慢发展也至于饿死人。另一方面，一次死几个、几十个的生产灾难频发，比较之下，在讲大局、爱面子的国人看来什么污染"都不算个事儿"。连续十多年接近两位数的经济增长，在人类历史上是绝无仅有的。经济增长不是凭空吹泡泡，根本上是离不开地下水、河流、土壤、矿山、空气、森林的，有识之士早就发觉这种高速增长过程隐藏着巨大的灾难，因为没有哪个自然生态系统能够经受得起如此大体量的巨大扰动。12％，10％，5％，

3％，1％的发展速度，哪一个适合中国？过去我们发展得慢了，现在适当快点是可以理解的，但是年复一年的高速增长是不祥之兆。不但大自然承受不了，个体的心理和整个民族的文化传统也无法适应。如何知道我们的发展速度过快了？请注意一个基本事实：仅用一代人的时间，中国人就基本完成了从普遍吃不饱饭到需要花钱减肥的变换。当然，时至今日也还有极少数人吃不饱。吃不饱饭是大问题，但肥胖也绝对不是好事情。伴随自然生态环境的巨大破坏，传统文化、民风民俗的破坏更为严重。长期以来国家政策规定只许农民工进城（也面临各种歧视），不许城里人到农村落户，这导致文化的单向流动。农村高中考上大学虽是喜事，却相当于在本来就需要输血的人身上再抽一滴血，学生大学毕业返乡就业者极少，而没有农村户口的文化人压根不允许进村。城乡文化差别逐年扩大，现在的中国农村，除个别地区以外，人去村空，剩下老人和幼童驻守，那里几乎演变成了文化沙漠。农民工进城虽然赚到一点人民币，但其子女数月见不到亲生父母，孩子由隔代老人照料或者自己相互照料，这种状况下成长的一代农村娃与城里人家的孩子在未来的社会中根本无法竞争。知识、能力是一个方面，而心理差别更为麻烦。

　　如何走出困局？讲究环境正义、讲究教育公平，走生态文明之路当然是对的。具体讲，减少污染和资源破坏，当然也是对的。但是，不破除国民生产总值（GDP）高速增长的大前提，其他努力都是细枝末节。节制欲望、降低速度才是根本！为什么一定要高速增长？6％还慢吗？3％不行吗？理论上没有人逼着中国必须高速增长，作为个体我们也并非总愿意天天给自己加码，是资本增殖的冲动和部分利益集团为了自己的小算盘而把高速增长确定为全民信条。百姓要的，不是国民生产总值增长多少，甚至也不是几间房产，而是足够的安全感，能过上平平常常的小康生活。农民要的，也不都是电视农经节目中以生动案例忽悠的几年内赚上百万元、千万元甚至上亿元。习近平总书记2013年在纳扎尔巴耶夫大学讲："我们既要绿水青山，也要金山银山。宁要绿水青山，不要金山银山，而且绿水青山就是金山银山。"讲得通俗、形象！递进式讲了三层意思，涉及我们究竟要怎样的发展以及生态文明的价值观。宣传媒介可曾真的领会到了？各级政府如何着手落实？执行中会打多大的折扣？在目前的体制下，可能要打99％的折扣，能有1％落实就烧高香了。

环境被严重破坏，主管部门不知道吗？负责项目可行性论证和验收的专家不知道吗？当然清楚得很，但是土地、河流、空气是公共资源，不用白不用，另外"有权不用过期作废"。现行的体制对当权者的任性几乎没有约束力。体制不改，中国的环境问题难以真正解决。在体制不大变的情况下，也总有人讲公道、讲真理吧？没错，大家立即想到了科学家，他们中的一部分正好就是上述的专家。专家讲客观性、讲事实、实事求是、不畏强权而坚持真理。但是别忘记，这是"应当"、是理想情况。实际情况则多种多样。大江大河上修了无数大坝，已经变成了"糖葫芦"，所有项目可都经验过了专家的反复论证。三聚氰胺毒奶的确是专家反复检验通过的合格产品，奶农也是经过专家有意无意辅导才知道三聚氰胺能改变检测计读数的。也确实存在科学家明目张胆地鼓励转基因种子非法释放的现象。化学杀虫剂、除草剂对环境的危害、特氟龙涂层对身体健康的影响、"反应停"药物导致大量畸形儿等，都有科学家的特殊"功劳"：他们参与产品研发，以科学的名义为大公司产品的安全性作科学辩护，等等。人们没必要过分指责具体的当事人，但不能遗忘一些人一再扮演的社会角色。我国处在快速现代化的进程之中，全球也处于"现代性"一词描述的状态，而科学技术与现代性为五、相互支持。忽视科学技术的作用将犯双重错误。在风险社会中，科学技术的风险具有特殊性，它最容易被忽视、也最难堤防。

　　科学共同体是一个社会学概念，群体可大可小，大至包含几乎全体科学工作者，少至仅有几个人。科学共同体处理的事情有大有小，小到决定一篇投稿能否发表，大到判断一个产业能否上马。蒋高明先生是科学家，但按时下一些不怀好意者判断，蒋先生可能要算作一名"反科学"人士。因为蒋先生讲述对未来生态环境悲观的十大理由中就有五条涉及科学家，其中科学家都不同程度扮演了负面角色。蒋先生说："人类中分化出一帮叫科学家的群体，他们不断地发明危害地球生态的新式武器，他们不断探索未知的世界，寻找宇宙中存在的宝贝，然而这些探索也会最终危及生态环境。"我同意这一判断，也同意田松教授的"警惕科学"的倡议。这些观点显然与全社会科学观的"缺省配置"不大一样。我还要提醒另外一点：现代社会不是官僚独自就能运行的社会，官僚需要学术权威给自己的行为"背书"，而科学技术专

家通常扮演权威的角色。可以准确无误地讲，每一项重大破坏生
态和环境的行动都不能单独怪罪政客的决策失误，因为专家是重
要参与者。虽然出了事后，专家会表现得格外谦虚，故意降低自
己的影响力。生态环境问题得到解决，首先需要改变科学观、科
学传播观，升级缺省配置。

　　科学传播需要改进，需要扩充概念。重要的不再是多背下来
几条具体的知识。知识是海量的，永远也学不完。百姓要学的，
重点是批判性的思维方式、合理的怀疑态度，特别是对一切以专
家面目出现的言论和做法，要有一定的鉴别能力，要有能力参与
公共政策对话。

　　中国是大国，大国有责任搞好自己的生态，否则在世界舞台
上就处处被动。中国是文明古国，但现在"暴发户"的形象几乎
盖过了令人敬重的原有形象。特别爱面子的一部分中国人对部分
国民出国抢购境外奶粉、马桶盖、感冒药十分在乎，好像这些
"无耻行为"颇让祖宗脸上无光。其实，能有这点选择权的在中
国仍是少数。那些"爱国者"如果真爱面子，就应呼吁有关部门
把该做的分内事情做好，几乎没有人真的愿意到境外购物。

　　爱面子并不全是坏事，不要脸才无可就药。摆正人生观、价
值观，每个人控制好自己的欲望，在自己岗位上做好工作，面子
自然有，环境、生态自然会向好。反过来，打肿脸充胖子，一面
死要面子一面做尽逆潮流的事情，呼吸点坏空气喝点脏水还是小
的，还会有更大的麻烦候着。

　　一切行动都依赖于之前的价值设定。现在一个大问题是好坏

不分。污染环境、破坏生态在现实中经常不被视作丑恶行径，当事人不以为耻反以为荣，常被建构成某地的财神爷、改革先锋而被嘉奖、擢升。所以，先要检讨我们的价值观、人生观，学会判别什么是好的，要追问自己：究竟要过怎样的生活？

蒋高明先生是悲观论者，同时也是乐观派，因为他不愿意放弃努力。

蒋先生是理论家，也是坚定的行动者。这样，他个人的努力就具有了双倍的力量。蒋先生特别批评了一些专家通过"国标"（GB）改变林地的含义（见第四章），误导了领导和公众。"由于林地经典涵义被抽筋换骨，致使大面积的草原植被和荒漠植被得以'越龙门'，擢升为森林植被。" 这就不难理解森林覆盖率为何快速上升了，因为原来统计在灌木或草地名下的面积现在算成了森林面积。

我不认为蒋先生的每个具体论点和每个具体的行动方案都无懈可击，但要反驳蒋先生，需要从理论上和实践上拿出根据才行。

一年又一年，太多的忍耐、退让与帮衬，令排污和破坏生态的行径得寸进尺。捍卫我们共同的家园没有错，这是我们的责任，否则子孙后代会骂我们！

刘华杰

北京大学哲学系教授

2016年1月31日于西三旗

2016年2月1日修订

第一讲

大国复兴——失去生态是伪命题

....

人类未来生态的十大挑战

农业缺乏生态学指导，

盲目迷信生物科技，

这对中国这样的人口大国可能是灾难。

　　从生态学的角度看，人类能否在地球上持续地存在下去呢？如果沿着目前的惯性走下去，未来一定是悲观的。

　　一是人类的力量彻底压制了其他生物，总数量远不如老鼠，总质量远不如昆虫的人类已经分布到地球的每一个角落，纯自然生态的地方越来越少了。除了地球外，人类的足迹也已到达太空。人类由原来食物链上的普通一员，变成了控制食物链的王者。严格来讲，人类已不再是生态系统的成员，人类既是生产者，又是消费者，还可能是分解者。人类最大的麻烦在于制造的一些化学物质，自然界根本没有办法降解。由此造成的次级污染可能超过人造物质本身。人类已经脱离了生物的规律而进化，其进化的方向早已经偏离了正常的轨道。

二是人类中分化出一帮叫科学家的群体，他们不断地发明危害地球生态的"新式武器"，他们不断探索未知的世界，寻找宇宙中存在的宝贝，然而这些探索也会最终危及到生态环境。

三是物理学家制造的核武器足以将地球毁灭数次。原子弹的威力是普通炸药的数万倍，氢弹则是百万倍，黑洞武器则是几亿倍。

四是化学家仍然在疯狂地制造不计其数的化学物质。比如，在食物中，人们已经制造了5000多种添加剂，目前允许使用的有两三千种，普通民众已无法防范。塑料制品燃烧后产生的二噁英等致癌物质很难消除，这些物质不但进入了我们自己的身体，还会通过我们进入子孙后代的身体。

五是生物学家发明的转基因技术不断改变生物进化的轨迹。那些经过转基因考验而幸免的"害虫"可能在人类的刺激下加快进化速度，成为人类制造的最大敌人。但是，对于转基因食物的安全隐患，转基因鼓吹者避而不谈。人类将保命的食物生产权拱手交给少数生物公司，也就是说，由少数人掌握着绝大多数人的生死权，这与历史上任何最残暴的独裁政权都不可同日而语，因为即使独裁者可以随意杀死民众，但民众还有逃亡的可能，未来，人们吃什么不吃什么，甚至吃或不吃，都是少数人说了算，这是空前的生存危机。可惜的是，我们正在朝这一不归路上狂奔。其根本原因在于，农业缺乏生态学指导，盲目迷信生物科技，这对中国这样的人口大国来说可能是灾难。

六是持续不断而又无序的水电开发将使江河中的洄游鱼类提早消失。人们很轻易地将江河视为白白流淌的资源，丝毫没有感觉到鱼儿的存在。人类唯我独尊的狭隘思想，无视其他生物的存在，非但如此，人类还努力强化这种独尊意识，用更"先进"的科技手段，威胁其他生物的生存。人类悲剧就在于过度聪明，根本不明白在毁灭生态环境的同时，也在毁灭自身的未来。

七是中国、印度等人口大国开始认识到英美等生活方式的优越性，不顾一切地发展经济，地球承载力将很快达到极限。英美等资本主义国家的发展道路将人类带到了一个死亡之谷。

八是人类面临的全球变化问题越来越严重。臭氧层消失、环境污染、水危机、粮食危机、人口爆炸等危机呈恶化趋势，代表不同国家利益的政府首脑很难在遏制上述危机中有所作为。人类文明退化到了"弱肉强食"的动物本能阶段，美国等超级大国主宰着人类的命运。

九是超级利益集团不断劫掠自然，自然生态及矿物资源岌岌可危。人类一切向钱看，正在把地球上所有的自然资源变成商品，连赖以生存的水和空气都在商品化。能耗用的自然资源迟早全部耗光，不能耗光的全部破坏，毁坏。

十是人类消灭和毁坏了赖以生存的动物植物后，灾难将集中爆发，各种自然灾害和疾病瘟疫将彻底埋葬人类。

环境保护不能总是"软道理"

发展生态经济不只是简单的节能减排，

植树造林，垃圾焚烧，

更不是喊口号。

长期以来，由于片面强调经济发展，忽视对环境的保护，环境问题异常突出。几年来，一些恶性环境事件进入到集中爆发期，制药、化工、造纸、采矿、冶炼等行业超标排污，造成的污染危害相当大。2009年，全国共发生环境污染事件170起，由企业违法排污引发22起，由生产事故、交通事故引发115起。比直接环境污染更为严重的是，次生环境事件比原发事故更难处置，危害更大。生态破坏还可能加重大范围的自然灾害，如前几年西南五省的特大持续干旱，就预示着由砍伐本地森林种植桉树、橡胶，建造大坝等导致的生态危机提前到来了。

环境保护已从各个层面上升为社会热点问题。如在政治层面，建设人与自然和谐相处的社会，已被提高到国家战略。各级政府都积极行动起来，推行节能减排、治污防污、植树造林、发展生态农业、搞循环经济等。即使如此，在现实社会中，"边治理边破坏""治理赶不上破坏"的现象仍没得到根治。为什么会出现这样的局面呢？首先，各地各级官员国民生产总值至上，环境保护无形之中成了"软道理"。在"发展是硬道理"号召下，各级政府将招商引资作为头等大事，一些项目明明存在着高环境污染风险，但政府为了经济发展，为了完成指标，还是硬着头皮干。"宁愿被毒死，也不愿意被饿死"，成了发展污染企业的强有力借口。"在发展经济方面，谁污染我支持谁"，一些地方一把手赤裸裸的表白，分明就是纵容企业排放污染。再加上"违法成本低，守法成本高"，企业排污争前恐后。地方政府一边高呼节能减排，治污防污，一边又对污染企业睁一只眼闭一只眼，甚至纵容包庇。在经济发展压力之下，连环保部门也加入了支持污染的队五。在某地，我看到这样一个怪现象：某非法小淀粉厂，被环保部门没收设备后，连封条还没有拆呢，就卖给了下一家非法小淀粉厂继续生产。环保局没收的设备怎么会进入了市场流通呢？这显然是有问题的。

那么，是谁发财心切呢？是为了给教师发工资，为了让农民增收吗？显然都不是，是地方一把手想要政绩，要发财致富。在政府官员包庇下，环境污染企业为了利益最大化，显然是将环境保护、节能减排放在了脑后，出了事有政府兜着，这样，污染企业的胆子就越来越大。这就是为什么我们一边强调环境保护，一边又看到环境污染事件不断发生的根本原因。

　　其次，由于严重违背自然规律，一些生态建设项目其实是在搞生态破坏。我国"三北"地区，除了东北之外，大部分区域的生态背景是草原或荒漠，然而，我们却在生态状况如此严酷的地方植树造林。其出发点虽然是为了阻挡沙尘暴，控制水土流失，但几十年来，由于树木成活率低，不能形成有效覆盖，几乎毫无效果。遥感监测的数据显示，"三北防护林"实施35年来，植被覆盖面积没有实质的变化，有些地方甚至还更少了。沙尘暴频繁入侵北京，就说明我们采取的草原或荒漠造林工程是有问题的。其实，根据我们在内蒙古浑善达克沙地进行的实验研究，在风沙源区，如果尊重大自然的演替规律，减少牲畜破坏，草原尤其沙地草地，不用造林也能够恢复很好的植被，草本植物和本地灌木可有效控制沙尘暴。

　　对自然生态系统的破坏，不仅发生在干旱半干旱区，在热带亚热带的湿润地区，也是如此，人为制造出了许多"绿色荒漠"。如为推动"林–浆–纸"产业一体化发展，在云南等地大量种植桉树，对当地生态系统造成了严重影响。桉树作为外来树种，在中国西南地区大面积种植，显然是不妥当的。大多数桉树种植的区域起初并非荒山，而是砍伐本地森林将其变成荒山，然后种植桉树。福建、云南、广西、广东、海南等亚热带或热带山地，人为干扰后生有大量草本植物和灌丛，"荒山"实际上就是森林的雏形。如果不去干扰，严格封山，时间一长，就会育出良好的常绿阔叶林或热带森林。而在"荒山"上种植的桉树林，蓄水性很差，满足其生长要消耗大量的水分，这就会造成林地和周边土地地下水位严重下降；同时，桉树人工林对林地养分消耗严重，破坏了养分平衡，造成地力衰退，故桉树有"抽水机"和"抽肥机"的恶名。鉴于此，中国林业科学院的专家认为，桉树种植一定要经过科学合理的规划和适当的生态经营管理；水土涵养区坚决不能种植桉树；在缺水、少水的地区也要避免大面积种植桉树。

同样，为了发展经济，砍伐热带雨林种植橡胶树也造成了生态破坏。据专家介绍，从持水作用看，热带雨林树木长得很高，有不同群落、不同层次，在很小范围内，就有很多物种，而橡胶林只有一个物种，林中水分极易挥发。由于树冠结构的差异，橡胶林的穿透雨量要远远大于热带雨林多层雨林的穿透雨量，再加上橡胶林的地表植被覆盖较差，林冠的持水能力也不如热带雨林，因而橡胶林会形成较大的地面径流，对地面造成冲刷，造成水土流失。

再次，尽管政府对生态农业表现出了极大的热情，但是生态农业推广并不尽如人意。相对于城市环境保护，农村环保更加薄弱。抛弃传统的农业种植模式30多年来，农田生态系统出现了严重的退化，突出表现在耕地有机质下降，土壤生物多样性降低，地力下降，农膜污染严重等方面，并最终影响到产量的提高。滥用农药、大化肥、农膜、添加剂、除草剂，已对国家粮食安全构成威胁。现在农田基本建设严重萎缩，一些生物技术专家不顾构成产量的要素是由"肥、水、土、种、密、保、管、工"八个方面决定的事实，一味引导国家发展转基因农业，而在这方面，中国并不掌握核心技术和核心基因。

生态循环农业可从根本上解决粮食质量和产量问题，且其技术在中国已有数千年历史。中国有远高于美国、欧洲的农业人口数量，发展生态农业或有机农业，进而占领国际市场，是我们的优势。然而，这个技术并不被看好。因为牺牲环境的产业总是赚钱的产业，农业也一样。化肥农业或无机农业，是以国家的生态环境和城市人的身体健康为代价的，但是很少有人来算总账。

第四，商家纷纷打着生态的旗号赚钱，而真正的生态保护却无人问津。由于生态环境不断恶化，老百姓对自然生态的渴望就越来越强烈。商家摸清了消费者的这种心态，就动足了脑子打造"生态名片"赚钱。然而，这样的打造仅仅是名义上的。有些省号称生态省，其实连一个村庄都没有实现生态化；一些房地产商声称建造生态房地产，其实所种植的植物与本地生态并无关系，甚至引来了入侵物种；就连一些化妆品也用生态的牌子，但却是含有有害成分的化工产品；在食品方面，一些产品标榜为绿色食品或者无公害食品，其实依然使用大量农药化肥，甚至使用转基因技术；那些打着有机食品旗号的产品，产地却无有机肥来源，其实就是普通食品。

第五，科学家在生态治理方面的做法并不科学，许多示范工程"花钱多，见效少"。一些科学家都明白，将简单问题复杂化，才能够立项去搞项目。一些重大的科研计划，如生态环境领域的水专项、垃圾专项、测土配方施肥专项、生态退化治理专项等，所投入的科研经费动辄过亿，然而科学家为了推广自己的思路，争取项目，也是打着生态治理的旗号进行所谓的科学研究的，具体做法却背离了生态主线。一些研究与要达到的目标严重偏离，所提交的成果多是中看不中用的学术论文，尤其是在国外发表的所谓SCI论文。一些针对环境问题的重大课题研究，领军人物多为中国科学院或工程院的院士，但那些院士的核心工作是游说决策者，其任务是做几次报告。项目争取到后，具体研究工作是他们的研究生来做的，报告是手下人准备的。有时甚至项目结束，院士们还不知道他们到底要研究什么问题。科学家也认钱，甚至只认钱，在这样的大背景下，生态保护就成了科学家们挣钱的幌子，这就是政府投入了大量的人力物力，但是污染事件仍然频发、自然灾害接踵而至的一个重要原因。

　　上述种种怪象，需要我们反思。发展生态经济不只是简单的节能减排，植树造林，垃圾焚烧，更不是喊口号。建设人与自然和谐相处的社会，政府应该采取正确的生态观，科学家有讲良心，讲真话，企业家要在循环经济法和环境保护法的监督下从事生产活动，要担负社会责任。环境保护不能总是"软道理"，考核官员要采取环境保护一票否决制，对违规企业要重拳出击，从源头上遏制环境恶化趋势。

癌症的源头在哪里

应当说人类社会在今天已经取得了历史上任何时期都难以达到
的成就，
但健康水平的下降和病人的大量出现，
也是前所未有的。

据媒体报道，近年来中国癌症病人呈现大幅度增长趋势，每
年因癌症死亡211万人。"穷癌"高发，"富癌"增多，无论穷人
还是富人，患癌病人都在增加，出现了"癌症面前人人平等"的
不幸局面，中国已成为世界头号癌症大国。

为什么癌症越来越多？医院里有那么多的病人？这要从源头
的食物和对待疾病的技术路线谈起。

先说维持人类基本营养的谷物。自从人类发明了农药和化
肥，农业就再也没有离开过这些化学物质，农药越用越多，害虫
和杂草也越来越难治理，食物中的农药和除草剂残留根本就难以
避免。人们的一日三餐，或多或少地误食了农药和除草剂。尽管

是微量，甚至可以达到国家或国际的所谓安全标准，但长期积累，人体的各项器官还是会受到影响。长期在一线生产这些有害物质，过度使用和接触这些物质，是穷人的"穷癌"产生的重要原因。

其次是人类吃的动物蛋白质。由于采取了速生养殖办法，激素、抗生素、维生素不断添加于养殖过程中，这些物质不可避免地积累于动物体内，再通过食物链进入人体，人没有病也吃药，可真生病后，以前的常规抗生素根本不起作用，因为人体内的细菌产生了耐药性。

第三是提供人体基本维生素的蔬菜由于采取反季节种植方法，而对人体造成极大的影响。反季节蔬菜满足了人们一年四季对绿色蔬菜的需求，但由于反季节种植严重违背自然规律，大量使用农药、化肥、激素，有害物质当然会大量进入人体。

第四是各类人工合成激素的乱用和混用使人体内部的生态平衡打乱。当前，激素可以通过工厂大规模生产，人类激素、动物激素和植物激素可以混用，表面上可以起到增产的作用，实际上严重威胁着人体健康。这些激素或直接通过食物进入人体，或通过水体污染间接进入人体，这些成分对人类健康的影响没有引起足够重视，但没有引起重视并不说明问题不存在，近些年儿童性早熟现象与激素的混用有着密不可分的关系。

第五是各类饮料、调料中化学添加剂的大量使用，这也给人们的健康带来隐患。如今的所谓科学技术，可以让酒厂不冒烟、不进粮食就能生产酒水，酱油醋也可以用工业化的办法生产，虽提高了产量，甚至口感更好，品相更好，但非粮成分进入人体并不是什么好事。饮料中的化学添加剂是年轻人，特别是少年儿童生病的原因之一。

第六是中草药也像种植庄稼那样生产，也使用大量的化肥和农药，这使得中草药在提高产量的同时，质量在下降，有效成分在下降。中药处方往往加大剂量才能达到应有的效果，但人们在治病时也摄入一些不必要的化学物质。一些中医院的医生告诉我，为了疗效，剂量有时会增加十倍。

第七是大量西药的生产和过量使用。在当前西医西药话语权体系下的医疗机构，以过量使用西药为主，有病吃药，且可公费医疗免费吃药，药物在治疗疾病的同时也带来了新的疾病。其他诸如过度体检，过度治疗，虽然是以健康的名义进行，但背后隐藏着巨大的商业目的，人们的身体由此导致的伤害也难以避免。医疗商业化、市场化的现状客观造成了病人越治越多，医患矛盾不断增加的后果。

无独有偶，因食物与治理技术路线严重偏离正常轨道的美国，癌症患者数也呈居高不下的状态。美国每年有约165万名癌症患者，其中有约58万人死亡。中国人口是美国的2.5倍，美国每年因癌症死亡的人口比率反而是中国的两倍。这还是美国积极采取了癌症预防为主十年后的结果。

事物总是不断发展的，社会也在不断进步。应当说人类社会在今天已经取得了历史上任何时期都难以达到的成就，但健康水平的下降和病人的大量出现，也是前所未有的。要解决上述问题，应从源头抓起，从健康食物抓起，从优美的生态环境抓起，从科学的疾病预防抓起，而不能为了所谓经济目的，商业目的，无限度地牺牲人民群众的生命健康。

青山绿水是软实力

生态环境宜居、优美，

人与人、人与自然和谐相处，

才是一个国家文明程度的最高标志。

衡量一个国家的文明程度，不能只看经济指标，还得看生态环境质量。人类社会发展的最理想状态是人与自然的和谐相处。到过发达国家，尤其是北欧国家的朋友，都会被它们良好的生态环境所吸引：清洁的城市街道，干净的城市河流，参天的大树，绿色的山川，悠闲嬉戏的野生动物，善良真诚的居民。这一切都表明，物质需求得到了最大满足的人类社会，优美的生态环境才是终极目标。

目前，国家提出建设生态文明，高层领导终于意识到青山绿水也是金山银山，提倡绿色化发展。这释放了一个信号，中国的经济发展开始向环境友好、可持续的道路上回归了。如果再解决社会两极分化问题，就将释放出巨大的保护环境，热爱环境的力量，尤其在关键的工农业生产环节，走生态循环之路，才是大国之路，强国之路。

军事上的强大可以御敌于国门之外；经济上的强大可以提升我们的物质生活水平；文化的强大可以增强国民的文化自信心；而生态环境的宜居、优美，人与人、人与自然的和谐相处，才是一个国家文明程度的最高标志。优美的生态环境是国家的软实力，所有发达国家的生态保护都比较到位，优美的生态环境是国家发达的必然结果。当然，经济欠发达的地区也并不意味着自然环境保护得不好，非洲大陆至今还是野生动物的乐园，说明当地居民对自然索取很小野生动物得以生存。但是，经济的欠发达对环境的保护是脆弱的，一旦遭到军事、经济、文化方面的入侵，生态环境将面临严重的威胁。

如何保持青山绿水的生态环境，我在多年的实践和研究的基层上总结了如下几条：

一是必须向垃圾宣战。垃圾从本质上说是资本逐利导致的恶果，对那些不能降解，危害环境的发明必须果断叫停，在源头上禁止生产与利用。对国民要从小进行环保教育，对垃圾进行分类，做到垃圾不落地，不过量包装。在技术上，要对垃圾进行无害化处理，资源化利用。当前，欧美日韩等国家的垃圾进入中国，对环境造成了巨大危害，必须坚决制止，对洋垃圾处理非法产业链实施重拳打击。

　　二是大力发展生态农业，在健康的环境下生产健康的食品。当前我们所生产和使用的农药化肥有50%~90%不能有效地用于农业生产，而是排到大气和土壤中，污染了环境，这个现状必须改变了。地膜的使用虽得到了短期的经济效益，但由于不能快速降解，也带来了沉重的环境代价。以西方发达国家为代表的懒人农业或无人农业，使用了大量的化学物质，违背生物学规律的集约化养殖，大量使用了兽药和激素，从而造成了食物链污染。人患病后，为了治病又生产了更多的药剂和医疗器械，即使经过处理，但也无法保证对环境完全无害，这种以危害环境始、危害环境终的闭环式生活方式，是造成环境污染的社会原因。由于农药的滥用，农田里的自然生态平衡被打破，空气、土壤和水资源遭到污染，如果基于这种农业生产方式上的国民生活方式不转变，绿水青山将成为可望而不可即的梦幻。要分类生产人与动物的粮食与饲料，对于人类需要的食物采用生态农业的办法生产，动物需求的饲料可以考虑适度规模化。

　　三是对森林、草地、湿地、海洋进行保护。这些自然空间，最好的保护措施是自然恢复，让大自然管理大自然，人类只要不添加不可降解的物质即可；要留一定的区域给野生动物，公路、铁路、管网的修建要考虑野生动物廊道，减少对自然生态系统的人为干扰。在自然生态系统中获取食物，也要尊重自然规律，杜绝添加激素和饲料，让野生鱼类、坚果、鲜果、野生蔬菜等自然生长，保障人类食品的安全。

四是建设生态型城市。目前城市里高楼林立，人满为患。是否每一个地方都要建设大型城市或巨带城市？还是因地制宜，就地城镇化，发展中小城市？这值得决策者考虑。当前以开发商主导的城市模式，绿地面积小，物种单一，建筑密度大，距离近，居民区远离工作地点，这些都加大了城市的生活成本，降低了城市居民的生活质量。应当强化城市中自然要素成分，增加公园、街头、街道、道路绿地，提高绿地质量，增加蓝色水域面积。对于城市植被及其构成生态系统，禁止用管理农作物的方法进行管理，停止对城市植被喷洒农药、施加化肥和频繁地浇水。要做到这一点，必须采取生态学的办法管理城市生态系统。

五是建设并保护好自然保护区、风景名胜区、历史文化遗产和名胜古迹。另外，对于退化的生态系统要实现生态恢复，对于被破坏的风景名胜或名胜古迹，要采取科学的办法修复，修旧如旧，减少人为痕迹。另外，对于遍布城乡的垃圾雕塑要进行清理。一方水土养一方人，中国是全球陆地生态系统最丰富的国家(不是之一)，海洋生态系统也很丰富，加上我们悠久的文明史，这些都是生态文化旅游产业蓬勃发展的基础。

绿色化发展是根本出路

雾霾产生的社会原因是资本主导了市场经济，
是发达国家的污染悲剧在中国的重演。

当前"新四化"的概念在提升——"新型工业化、城镇化、信息化、农业现代化"之外，又加入了"绿色化"，并且将其定性为"政治任务"，"四化"变"五化"。

我感觉生态学的春天来到了。自1984年从生物学专业到生态学研究，30多年来，从没有改过行。生态学由原来不被看好，成为今天全社会的热门话题，且生态文明还成为执政党的执政理念，这与长期以来生态学和环境保护工作者的努力分不开。我国过去在生态治理上走过弯路，就是因为没有从战略高度思考生态环境恶化造成的后果，没有"青山绿水也是生产力"这样的战略思维。

要发展绿色经济，农业必须首先考虑。自人类诞生以来，大部分时间都是花在觅食或生产食物上。古代社会生产力低下，能够寻求温饱就不错了。第一次绿色革命让食物大大丰富，然而人类为之付出的代价也是异常沉重的，酸雨、温室气体增加、雾霾、病人增多、贫民窟出现等，这些无不与高度集约化、化学化、转基因化、市场化思维的农业模式有关。让少数人养活高度集中的城里人，土地承担不起污染之重；采取对抗的办法控制病虫草害，农田充满杀机；五大激素进入食物链，产量提高了，营养却下降了，而且污染出现了。懒人农业暴露的问题越来越明显，食物安全频频亮起红灯。如果从源头解决农业问题，从绿色化思维出发，让农业中的各项元素循环起来，人们完全能够在健康的环境中生产出健康食物。我们做的10年极端实验充分说明，即使一点不使用化肥、农药、农膜、除草剂、激素和转基因，低产田也能恢复成高产稳产的吨粮田，政府的农业补贴要向生态农业倾斜，而不是补贴农药、化肥、除草剂、地膜生产商，只要调动农民的积极性，生态农业就能做到健康生产，而且还能高产，稳产。

其他生态系统如果采取绿色化思维管理，可以取得事半功倍的效果。对于森林、草原等自然生态系统，要充分发挥自然的修复能力，恢复后的生态系统，会为人类提供各种生态服务，远远高于现在破坏后再治理的效益。有些宝贵的生物物种消失后是无法恢复的，大量宝贵的陆地土壤，因水土流失和沙尘暴而被带进大洋也是难以回来的。

绿色化还可以解决荒漠化、沙漠化等难题。绿色化不是简单的绿化，绿化也不是简单的树化，绿化祖国不是"树化"祖国。尽管树木有很高的生物量，能够释放更多的氧气，但不是什么地方都适合长树，否则地球上早就长满了森林。在绿色化新思维模式下，中国以植树造林为目的的生态化建设，必须进行调整了。

工业也可以走循环经济道路，减少源头排放。当前的经济模式必然伴随着严重的环境污染，"先污染，后治理"，是西方发达国家走过的弯路，可现在却在中国重演。采取绿色化工业思维，"零排放"在技术上也是行得通的，如造纸企业如果认真处理污水，达到能饮用的标准是没问题的。污染物不出工厂，治理成本就低，否则，治理难度会呈几何级数增长，当然随着技术的不断进步，治理环境污染当然也不是比登天还难的事，就看是否重视环境保护，是真搞环保还是假搞环保。

比如遍布城乡的垃圾问题，必将成为限制城市发展的瓶颈问题。城市代谢受阻，加上来自农村的垃圾集中到城市里来，更加大了这一矛盾。其实，垃圾是放错位置的资源。我在山东济宁考察发现，当地将农村与城市垃圾集中起来焚烧发电，吞吐量很大。据介绍，他们已解决了二噁英排放和异味问题。

日益严重的雾霾问题也是能够解决的，"APEC蓝"的出现就是明证。雾霾产生的社会原因是资本主导了的市场经济，是发达国家的污染悲剧在中国的重演。雾霾主要是人为的，产生的原因复杂，解决雾霾的出路不是简单的煤改油，而是发展路子要转变，要限制过度膨胀的私欲，限制过度产能。当然，技术上寻找替代能源尤其是清洁能源是必要的，但重新思考"雾霾经济"，适当恢复当年一些好的做法，走共同富裕道路更是必要的。

　　人类面临的环境问题要靠人类的智慧解决，那些以强欺弱，以丛林法则思维转嫁污染、转嫁社会危机的做法，只能让我们获得短暂的喘息，而不能从根本上解决我们面临的问题。大自然对人类实施的种种惩罚无时不在提醒人们，走绿色发展道路，走和谐发展道路，走共同富裕道路，才是人类的根本出路。

透支的生态，无奈的灾害

舟曲县一卖山，二卖水，三卖河道，

最终酿成泥石流灾难，

这是全国生态灾难的一个缩影。

2010年8月7日，舟曲发生的泥石流是无序发展造成自然灾害暴发的一个典型例子，是大自然对人类长期盲目发展，不顾生态环境承载力的无情惩罚。2010年前7个月，全国共发生地质灾害2.6万起，是2009年同期的近4倍。

2010年是中国自然灾害频发的一年，先是西南五省大旱，继之长江上游洪涝灾害，后是甘肃舟曲泥石流，然后东北地区洪灾。自然灾害频发，天气固然是重要原因，然而不能忽视的是，人类长期蔑视自然，"透支"自然生态"成本"，才造成了自然灾害频率加大，危害加重。

舟曲县本是"陇上江南"，这里原有丰富的森林资源和水资源，土地和气候资源也不错。然而，在贡献了几百亿立方米的林木，建造了成百上千的水电站后，舟曲已是童山濯濯，有水也保不住了。

我们先来看森林的破坏。舟曲县境内植物资源丰富，仅高等植物就达1300多种，原有林业用地291万亩（1亩=666.7平方米），占全县土地面积65%，其中森林面积123万亩，森林覆盖率45%，高于甘肃省平均水平7.5%，也高于全国平均水平22%。遗憾的是，舟曲县境内的森林，经过30多年的采伐，遭到了巨大破坏。20世纪70年代，平均每年采伐木材就达8万立方米。乱砍、乱伐、倒卖、盗运木材，使全县森林资源每年以10万立方米的速度减少。

泥石流发生后，记者在舟曲三眼峪沟大峪、小峪两个沟看到，山上的树木几乎看不到了，灌木也十分稀疏。而据老人们回忆，他们十几岁的时候，峪口往里到处都是粗大的树木。森林破坏后，山体裸露，再加上村民放牧山羊，生态破坏更加严重。没有了森林植被保护，那些处于陡坡山的土壤和大小石块，就容易在暴雨来临时，借助重力作用危害山下人们的生命和财产安全。

其次，水电站带来的影响也不容忽视。作为嘉陵江上游的最大河流，白龙江长约600千米，其中甘肃境内450千米。河道穿行于山区峡谷，天然落差大，水流湍急，水电部门自然看好了这样的水利条件，于是，大量修水电站，较少考虑上游生态退化、泥石流易发的问题。整个白龙江地区处在多个地震带交汇处，地质结构非常复杂，修建水电站、沿岸采矿，更加重了土壤松动。

　　沿白龙江每条支流行走，都会看到大大小小的水电站。相关资料和专家实地考察证实，白龙江两岸共建有上千座水电站，这些水电站装机容量不等，大的在20万~30万千瓦，小一些的则为0.5万~0.6万千瓦，而更多的是几百千瓦的水电站。从20世纪70年代至今，白龙江都在修建水电站，几乎与森林砍伐同步进行。

　　修建水电站与生态保护常常发生矛盾，那些最初规划或是已经成型的林地，在修建水电站时常被破坏，而林业部门与水利部门交涉的结果也不理想。由于大部分水电站是通过招商引资修建的，有当地政府的批文、有环境评估报告，虽然"林水之争"的摩擦不断，但最终都是生态保护让位于水电开发。

　　从2003~2007年，舟曲共有53个水电开发建设项目签订合同，其中41个水电开发建设项目已建成或在建，另外12个马上就要开展前期工作，这些水电开发建设项目占全县各类开发建设项目的80%以上。据估计，上述41个在建或已建的水电站工程合计弃渣达3834.8万立方米，水土流失预测量达74.9万吨。修建水电站后，山体被水浸泡松软，水电站附近随时都会发生滑坡。另外，修建水电站挖沙后，整个河床弃满乱石，一旦发生暴雨，这些石头会被洪水裹挟，形成巨大的杀伤力。

　　最后说一下侵占河道造成的危害。尽管泥石流、滑坡灾难已经引起了当地人的警惕，但城市规划缺失、河道乱占、乱建甚至抢建、交钱就建的现象并没因大自然的警告而停止。舟曲地方狭窄，两山夹一江，整个盆地仅12平方千米。数十年来人口急剧增长，而在地域面积无法增加的前提下，所能挤占的地方只有河道了。三眼峪沟和罗家峪沟河道是舟曲县城唯一能够扩张的地方，开发商就在那里盖房，一些人在河道里建起了小洋楼。2010年洪水经过的月圆村、东街村和东关村等人口密集的地方，恰是河水流经的地方，那里的房地产业曾经相当火爆。

舟曲县一卖山，二卖水，三卖河道，最终酿成泥石流灾难，这是全国生态灾难的一个缩影。舟曲泥石流灾难发生后，全国共发现地质灾害隐患点20万处，在云南、贵州、四川、重庆、甘肃、陕西、湖南、湖北等山多坡陡的省市，类似于舟曲的特大型和大型地质灾害隐患点数以万计。

有钱人的"金山银山"，挤占的是老百姓的绿水青山。当环境灾难来临时，受害的是当地老百姓，舟曲之痛，实乃为生态环境之痛，我们不能再干那些为经济增长而牺牲生态环境和人民群众生命财产的傻事了。

把生态文明理念落实到行动中

只要全社会对生态农业多看一眼，

自觉消费健康安全的生态食品，政策上再有所倾斜，措施得当，

中国人吃得饱与吃得好的愿望就可以实现。

2014年是十八大以来重要的一年。"五位一体"的执政理念不断落实："八项规定"动真格了、反腐成为常态、文艺座谈会重提为人民服务等，这些都让人感到正能量在回升，而在生态文明建设方面，也有很多可圈可点的事件。

2014年7月份，贵阳召开"国际生态文明论坛"。联合国相关机构及国际组织、国家有关部委负责人、大学校长、知名专家等2000余名海内外嘉宾到会。坚持经济发展与生态建设并重，坚持环境保护与生态修复并举，坚持污染控制与资源节约同步，明确各自的责任，加强各利益方合作，维护区域与全球生态安全，共同建设天蓝、地绿、水净的宜居家园。

然而，生态文明毕竟不是靠喊口号就能实现的。除了理论上

重视，关键的还是要付诸行动，老百姓能够感觉到的，就是生态文明理念在具体生活中引发的细微变化。为此，环保部发布《国家生态文明建设试点示范区指标》，试图指导各地的生态文明建设实践。

什么是生态文明示范区呢？它是符合主体功能定位的经济社会示范区。在生态文明理念下，要初步建立资源循环利用体系，节能减排，碳强度指标下降；资源产出率、单位建设用地生产总值、万元工业增加值用水量、农业灌溉水有效利用系数、城镇（乡）生活污水处理率、生活垃圾无害化处理率等处于前列；城镇水源地全面达标；森林、草原、湖泊、湿地等面积逐步增加，质量逐步提高，水土流失和沙化、荒漠化、石漠化土地面积明显减少，耕地质量稳步提高，物种得到有效保护；在承诺建设的生态文明示范区内，绿色生活方式普遍推行，实现最严格的耕地保护制度、水资源管理制度、环境保护制度。

生态文明示范区的提法得到了全国各地的积极响应。首批试点涉及到贵州、云南、青海、宁夏等4个省自治区，北京密云县、天津武清区、上海崇明县、山东临沂市等42个区、地级市，陕西芮城县、宁夏永宁县等9个县级单位，共55个单位。

最值得一提的事件是，亚太经合组织（APEC）会议期间，中央采取了严格的环保措施，六省、市、自治区联动，果断关掉过度产能工厂，严控机动车上路，即使在严重的雾霾天气条件下，也没有出现让人失望的雾霾，反而出现了蓝色的天空，为APEC会议的顺利召开奠定了基础，这个举措挽回了国际影响。"APEC蓝"的出现，让国人增加了环保信心：只要狠下决心，真抓实干，雾霾是能够治理的。

经过几年的艰苦探索，生态农业也出现了一缕阳光。我们坚持了10年生态农业科学实验，在严格不使用化肥、农药、除草剂、激素、地膜、转基因条件下，在低产田基础上实现了小麦玉米周年产量1250公斤/亩。这从理论上证明，只要用地养地，恢复生态平衡，土地对人类的回报潜力是非常大的。尽管当前生态农业的声音还很微弱，但只要全社会对生态农业多看一眼，自觉消费健康安全的生态食品，政策上再有所倾斜，措施得当，中国人吃得饱与吃得好的愿望就可以实现。

遗憾的是，上述科学的做法并没有形成主流，即使在那些所谓的生态文明示范区内，也没用心考虑什么是生态文明。我实地考察过很多生态文明示范区，发现依然存在许多不尽如人意的地方。许多指标依然停留在纸上，生态文明停在口号里，污染依旧，对颁布了5年多的《中华人民共和国循环经济法》，很多政府部门和企业并不知道，生态学的原理并没有在工农业生产中得到应用，许多地方领导并不知道生态文明到底怎么搞。虽有环保部下达的具体指标，但有些指标并没有考量性，传统的过度产能难以一下子停下来，很多地方还是奉行国民生产总值（GDP）挂帅，财富不断向少数人集中，污染还是由更多的弱势群体承担，全社会付出的健康成本不断加大，医患矛盾等社会矛盾不断增加。

所有上述国计民生的大事，在生态文明建设的旗帜下，都必须由口号落实到行动。有关部门和全社会，能够把生态文明的一些理念，落实到实处，既要抓大，也要抓小，生态恢复、垃圾处理、餐饮与宾馆服务一次性塑料用品禁用、食物链中有害物质减量使用、农膜控制使用、污水净化、可再生能源开发等，都是对生态文明建设提出的具体要求。

希望未来的中国大地，至少在那些生态文明示范区内，通过全社会的努力，我们能够看到天空出现更多的"APEC蓝"，水体污染得到控制，受伤的土地得到救治。生态文明建设重在落实，建设美丽中国，实现中国梦，关键在行动。

一次性餐具能叫停吗

更倒霉的是公众的生态环境，

那些不能降解的白色塑料持续进入环境，

造成了生态环境的不断恶化。

2015年8月10日，中央电视台新闻联播播出了两个与浙江省生态文明建设有关的新闻，一是该省安吉县打造美丽乡村，发展农家乐，由环境破坏改为环境保护，农民收入大幅度提高，从而提前实现了"青山绿水也是金山银山"的愿景；其二，是该省人民政府发文，在全省所有餐馆叫停一次性餐具。这在全国属于首例，向餐饮业的白色污染宣战终于有了实质性的动作。生态文明建设不是喊口号，而是实实在在的行动。

餐饮业的污染问题，我在多年前就认识到了其严重性，一次性餐具首先存在严重的白色污染，这些餐具不能自然降解，处理难度很大；其次是存在严重的卫生问题，很多餐具根本就没有清洗干净，越远离大城市，卫生状况越糟糕，其三是就餐者自己吃饭，自己花钱洗碗，存在明显的消费歧视，必须叫停。

遗憾的是，我们的呐喊，收效甚微，糟糕的现状没有得到改善，反而愈演愈烈，连北京近郊区也出现了一次性餐饮用品，可见在利益面前，环境保护的声音是那么弱小。解决白色污染，我们要走的路还有很长。

一次性消毒餐具包装膜悄然出现在全国各地的餐馆中。该包装将盘、碟、碗、勺、酒杯等洗净抛光后，用一种热收缩塑料封膜。餐具看上去很干净，也很卫生，餐馆老板讲，该包装是无菌操作。我曾收集了一张该塑封膜，上面用绿色字体写着"敬重自然，卫生环保，服务健康"。但是，下面还有一行"温馨"提示的小字：有偿消费，一元一次。实际上，这种消费是强迫就餐者为包装埋单。在这种模式下，消费者还没有用餐就花钱雇人将自己的盘子"洗好"了；还得倒找给餐馆老板钱，因为洗几个盘子和碗根本用不了一元钱。如果仅从消费者的利益出发，这种餐具消毒包装方式就该叫停，但我们更担心的是更严重的白色污染问题。

我们将某次就餐后所有塑料膜带回试验室，用千分之一天平称重，其结果是：消毒膜1.374克；筷子膜0.169克；餐巾纸外包装膜1.785克；内包装(湿巾)膜0.988克，总重4.316克。如果10人就餐，一桌饭下来产生的白色垃圾就达43克之多。北京有大小餐馆4.1万家，以平均每天百人(次)就餐计算，则每年产生的塑料垃圾就高达6.45吨，这还不包括一次性餐桌塑料布和发泡塑料餐盒。北京生活垃圾中，废弃塑料约占3%，每年的总量约为14万吨，其中餐馆产生的白色垃圾就占46%。因此，北京要解决白色污染，首先得从餐馆开始。

餐馆白色污染猖狂的根本原因依然是利益。上述餐具消毒膜强行向顾客收1元钱，餐巾包也收1元。顾客还没有点菜，餐馆就有2元进账了。生产塑料膜和消毒设备的厂家因为其产品有恒定的客户，也乐得供应，毕竟用量大。倒霉的是顾客，他们要为消费"塑料膜"埋单，但是，更倒霉的是公众的生态环境，那些不能降解的白色塑料持续进入环境，造成了生态环境的不断恶化。

白色污染严重影响市容整洁。餐馆的废弃塑料膜因有食物残渣和油渍，会导致苍蝇和细菌大量孳生，从而传播疾病，危害人们的健康，焚烧塑料膜会释放出多种有害化学气体。这些毒性气体在自然界中滞留的时间很长，并可通过人类的呼吸系统和食物链进入人体，会导致生殖系统、呼吸系统、神经系统等中毒、癌变。2004年正式生效的《斯德哥尔摩公约》，把六氯代苯等化合物列为首批对人类危害极大的持久性化合物，在世界范围内禁用或严格限用，禁限物质中就包括焚烧塑料膜产生的有毒气体，如二噁英。

　　绝不能为了餐馆和塑料制品老板的利益牺牲健康的环境。解决餐馆、宾馆白色污染问题仅靠消费者的自觉行为难以奏效，必须有政府强制性的控制措施。治理措施不是简单地发"红头文件"，或者搞"突击检查"，而是以环保法律法规的形式，禁止生产、使用一次性塑料包装餐具，从源头杜绝餐饮和宾馆业的白色污染。

人类各项宏伟的环保计划为什么没有实现

以技术主义加资本主义主导的全球环境治理方式不可能取得任何效果，

不少国际计划落空或失败是必然的，

人类必须另辟途径。

人类向环境污染宣战，始自蕾切尔·卡逊所著《寂静的春天》中的环保呐喊。卡逊揭示了资本主导的大型污染企业和制药公司向环境释放污染物，造成了生物多样性下降以后，国际组织、各国政要纷纷采取相应的行动，试图拯救日益脆弱的地球生态系统。这个计划从1971年人类环境宣言就开始了，后来各种公约更是层出不穷。遗憾的是，这些国际环保计划似乎并没有挡住资本对地球的侵害，污染反而更严重了，由原来的化学品和农药单一污染，发展到了气候变暖、臭氧层消失、持久性有机物污染、抗生素污染等面源性污染。

我们来回顾一下人类的各种环保计划吧。

《人类环境宣言》。联合国人类环境会议宣言，又称斯德哥尔摩人类环境会议宣言，简称人类环境宣言，于1972年6月16日发布。该宣言阐明了与会国和国际组织所取得的七点共同看法和二十六项原则，以鼓舞和指导世界各国人民保护和改善人类环境。44年前，与会者意识到如下问题的严重性：

1. 由于科学技术的迅速发展，人类能在空前规模上改造和利用环境。人类环境的两个方面，即天然和人为的两个方面，对于人类的幸福和对于享受基本人权，甚至生存权利本身，都是必不可少的。

2. 保护和改善人类环境是关系到全世界各国人民的幸福和经济发展的重要问题，也是全世界各国人民的迫切希望和各国政府的责任。

3. 在现代，如果人类明智地改造环境，可以给各国人民带来利益和提高生活质量；如果改造不当，就会给人类和人类环境造成无法估量的损害。

4. 在发展中国家，环境问题大半是由于发展不足造成的，因此，必须致力于发展工作；在工业化的国家里，环境问题与工业化和技术发展有关。

5. 人口的自然增长会为环境带来一些问题，但采用适当的政策和措施，可以解决。

6. 为当代人和子孙后代保护和改善人类环境，已成为人类一个紧迫的目标；这个目标将同争取和平、经济和社会发展的目标共同和协调地实现。

7. 为实现这一目标，需要公民和团体以及企业和各级机关承担责任，共同努力。各国政府要对大规模的环境政策和行动负责。对区域性全球性的环境问题，国与国之间要广泛合作，采取行动，以谋求共同的利益。

26项原则包括：人的环境权利和保护环境的义务，保护和合理利用各种自然资源，防治污染，促进经济和社会发展，使发展同保护和改善环境协调一致，筹集资金，援助发展中国家，对发展和保护环境进行计划和规划，实行适当的人口政策，发展环境科学、技术和教育，销毁核武器和其他一切大规模毁灭武器，加强国家对环境的管理，加强国际合作等等。

《人与生物圈计划》。在联合国教科文组织在其他组织的配合下，从1971年起实施的一项着重对人和环境关系进行生态学研究的多学科的综合研究计划。它是一项国际性的、政府间合作研究和培训的计划。其宗旨是通过自然科学和社会科学的结合，基础理论和应用技术的结合，科学技术人员、生产管理人员、政治决策者和广大人民的结合，对生物圈不同区域的结构和功能进行系统研究，并预测人类活动引起的生物圈及其资源的变化，及这种变化对人类本身的影响。为合理利用和保护生物圈的资源，保存遗传基因的多样性，改善人类同环境的关系，提供科学依据和理论基础，以寻找有效地解决人口、资源、环境等问题的途径。

人与生物圈计划起初的目标非常宏伟，共有14个研究项目，涉及人类活动对热带、亚热带森林生态系统的影响、不同土地利用和管理实践对温带和地中海森林景观的生态影响、人类活动和土地利用实践对放牧场、稀树干草原和草地（从温带到干旱地区）的影响、人类活动对干旱和半干旱地带生态系统动态的影响，特别注意灌溉的效果、人类活动对湖泊、沼泽、河流、三角洲、河口、海湾和海岸地带的价值和资源的生态影响、人类活动对山地和冻原生态系统的影响、岛屿生态系统的生态和合理利用、自然区域及其所包含的遗传材料的保护、病虫害管理和肥料使用对陆生和水生生态系统的生态评价、主要工程建设对人及其环境的影响、以能源利用为重点的城市系统的生态问题、环境变化和人口数量的适应性、人口学和遗传结构之间的相互作用、环境质量的认识、环境污染及其对生物圈影响。

《保护臭氧层维也纳公约》。于1985年在维也纳签署，该公约明确指出大气臭氧层耗损对人类健康和环境可能造成的危害，呼吁各国政府采取合作行动，保护臭氧层，并首次提出将氟氯烃类物质划为被监控的化学品。

UNEP（联合国环境规划署）为了保护臭氧层，采取了一系列国际行动。1976年4月UNEP理事会第一次讨论了臭氧层破坏问题；1977年3月召开臭氧层专家会议，通过了第一个《关于臭氧层行动的世界计划》；1980年UNEP理事会决定建立一个特设工作组来筹备制定保护臭氧层的全球性公约；经过几年努力，终于在1985年3月在奥地利首都维也纳召开的"保护臭氧层外交大会"上，通过了《保护臭氧层维也纳公约》。

《公约》促进和鼓励各国就保护臭氧层这一问题进行合作研究和情况交流，要求缔约国采取适当的方法和行政措施，控制或禁止一切破坏大气臭氧层的活动，保护人类健康和环境，减少臭氧层变化的影响。公约虽然没有达成任何实质性的控制协议，但在处理全球环境问题上的合作迈出重要的一步，为今后采取国际性措施控制CFCS做好了准备。到2000年3月，参加公约的缔约国共有174个，中国政府于1989年9月11日正式加入公约，并于1989年12月10日生效。

《生物多样性公约》。是一项保护地球生物资源的国际性公约，于1992年6月1日由联合国环境规划署发起的政府间谈判委员会第七次会议在内罗毕通过，1992年6月5日，由签约国在巴西里约热内卢举行的联合国环境与发展大会上签署。公约于1993年12月29日正式生效。常设秘书处设在加拿大的蒙特利尔。联合国《生物多样性公约》缔约国大会是全球履行该公约的最高决策机构，一切有关履行《生物多样性公约》的重大决定都要经过缔约国大会的通过。

《联合国气候变化框架公约》。简称《框架公约》，英文缩写UNFCCC，是1992年5月9日联合国政府间谈判委员会就气候变化问题达成的公约，于1992年6月4日在巴西里约热内卢举行的联合国环发大会（地球首脑会议）上通过。是世界上第一个为全面控制二氧化碳等温室气体排放，以应对全球气候变暖给人类经济和社会带来不利影响的国际公约，也是国际社会在对付全球气候变化问题上进行国际合作的一个基本框架。

据统计，如今已有190多个国家批准了《框架公约》，这些国家被称为《框架公约》缔约方。《框架公约》缔约方做出了许多旨在解决气候变化问题的承诺。每个缔约方都必须定期提交专项报告，其内容必须包含该缔约方的温室气体排放信息，并说明为实施《框架公约》所执行的计划及具体措施。《框架公约》于1994年3月生效，奠定了应对气候变化国际合作的法律基础，是具有权威性、普遍性、全面性的国际框架。

《联合国荒漠化防治公约》。该公约的全称为《联合国关于在发生严重干旱和／或荒漠化的国家特别是在非洲防治荒漠化的公约》，1994年6月7日在巴黎通过，并于1996年12月正式生效。目前公约共有191个缔约方。

该公约的核心目标是由各国政府共同制定国家级、次区域级和区域级行动方案，并与捐助方、地方社区和非政府组织合作，以对抗应对荒漠化的挑战。《联合国防治荒漠化公约》是联合国环境与发展大会框架下的三大环境公约之一。履约资金匮乏、资金运作机制不畅，一直是困扰公约发展的难题。2005年5月2日至

11日，公约履约审查委员会第三次会议在德国波恩举行，审查了非洲国家的履约情况。2005年10月17日至28日，公约第七次缔约方大会（COP7）在肯尼亚首都内罗毕召开。期间还召开了高级别会议、履约审查委员会第四次会议、科技委员会第七次会议和议员圆桌会议。

《斯德哥尔摩公约——POPs》。1998年6月签署，试图停止使用一些高度污染物质。在每年人类释放到环境中的污染物中，POPs（持久性有机污染物）是最危险的高毒污染物质，可造成一系列负面影响，特别严重的可导致动物以及人类的死亡、疾病、畸形儿。POPs的特殊影响还包括癌症、过敏、超敏感、中枢及周围神经系统损伤、生殖系统及免疫系统伤害等。其中一些POPs还可通过改变荷尔蒙引起内分泌失调而破坏生殖与免疫系统，它们不仅危害暴露于POPs的个体，而且对他们的后代也有影响。POPs还具有发展性与致癌性的特征。被公认为急需采取行动解决的12种POPs为：艾氏剂、氯丹、DDT、狄氏剂、二噁英、异狄氏剂、呋喃、七氯、六氯化苯、灭蚁灵、多氯联、毒沙芬。它们对鸟类、鱼类和人都有致命危害。

关于在国际贸易中对某些危险化学品和农药采用事先知情同意程序的《鹿特丹公约》。是联合国环境规划署和联合国粮食及农业组织在1998年9月10日在鹿特丹制定的，于2004年2月24日生效。公约是根据联合国《经修正的关于化学品国际贸易资料交流的伦敦准则》和《农药的销售与使用国际行为守则》以及《国际化学品贸易道德守则》中规定的原则制定的，其宗旨是保护包括消费者和工人健康在内的人类健康和环境免受国际贸易中某些危险化学品和农药的潜在有害影响。

《鹿特丹公约》由30条正文和5个附件组成。其核心是要求各缔约方对某些极危险的化学品和农药的进出口实行一套决策程序，即事先知情同意（PIC）程序。公约对"化学品""禁用化学品""严格限用的化学品""极为危险的农药制剂"等术语作了明确的定义。公约适用范围为是禁用或严格限用的化学品，极为危险的农药制剂。

数年后，上述国际环保努力虽然在局部起到了一定的作用，但地球整体的生态系统恶化趋势并没有得到遏制，出现了局部改善，整体恶化，或某些国家改善，大部分国家恶化的局面。以大气二氧化碳浓度为例，尽管全球签订京都议定书的国家有100多个，但二氧化碳质量分数还是从20世纪80年代的290毫克/千克，上升到今天的400毫克/千克；生物物种灭绝的势头没有得到控制；有毒有害化学物质越来越多；土地荒漠化也随之气候变暖呈现扩大趋势；臭氧洞在扩大，持久性有害物质排放继续增多。

为什么环保努力效果不显著，甚至部分计划落空或失败呢？原因如下：

一是技术上的还原论思维。上述国际计划都是从局部问题入手，头痛医头脚痛医脚，没有从造成环境污染或生态退化的根本原因入手，使得一个问题解决了，另外的问题又出现了。在解决环境退化问题上，技术不是万能的，而可持续的整体的系统的解决方案才是根本出路。如对农药的控制，必须从源头找出虫害爆发的原因，恢复生态平衡，少用或不用农药。

二是资本主导的环保举措是监守自盗。当前很多国际项目是需要花钱的，而钱大多来自大的垄断集团或者企业，花企业的钱做环保必须保障资本家的利益，一旦出现冲突，环保就很难做下去。

三是发展中国家的崛起。在过去几十年中，经济全球一体化带动了经济的整体繁荣，资源消耗和环境污染总量势必扩张，原本地球上只有少数发达国家排放污染物，现在更多的发展中国家也加入到排放的队五中，地球生态系统整体恶化难以避免。

四是发达国家不愿承担义务，不愿放弃优越的生活。以碳排放为例，尽管公约上规定了各国的排放和减排标准，但某些国家从自身发展角度，拒不签字，拒不合作，造成一些国际计划长期停留在无休止的谈判阶段，眼看着二氧化碳浓度升高而毫无解决办法。

五是重理论，轻行动。对环境问题的认识高度是没有问题的，公约大都是国家元首签字，然而具体实施时就大打折扣了。环境问题不是一纸文书能够解决的，而是靠具体的行动。遗憾的是，各国在具体执行时缺乏监督，缺乏规范。相反，发达国家采取以邻为壑的做法，以牺牲别国生态环境换取自身的环境改善。老牌的发达国家为了改善自身环境，将严重污染的企业转移到中国、越南等发展中国家，钢铁、水泥、玻璃、化工、农药等严重污染的产业向外输出，甚至连自身产的垃圾都运到别的国家处理。这种以邻为壑的做法，造成了环境污染的扩大化。

因此，以技术主义加资本主义主导的全球环境治理方式不可能取得任何实质效果，不少国际计划落空或失败是必然的，人类必须另辟途径，走人与自然和谐相生的生态文明之路。中国提出的生态文明战略，蕴含着天人合一的东方智慧，为全球可持续发展指明了的方向。

如何对待当前的转基因研究

如果连种子都要进口，都要花钱买，饭碗如何端在自己手上？

农业是需要靠高科技，但育种的途径也要多元化，

分子育种也罢，转基因育种也罢，都不能成为唯一的途径，

国家不能将经费全都投入到转基因育种上。

我国粮食形势新格局

目前，我国粮食生产与消费出现的新动向，非常值得关注，这或许是影响我国在农业转基因研究决策的重大变化。

一是出现了粮食领域的"三高"现象，即高产量、高收购量和高库存量。截至2014年，我国粮食已连续十一年增产。据国家统计局的数据显示，2014年我国粮食总产量6.07亿吨，比2004年增加1.38亿吨，11年间粮食增幅高达29%。2015年，全国夏粮总产量14106.6万吨，比2014年增产447万吨，增长3.3%。但与之对应的是，农民增产不增收，小麦收购价再次回落到1元/斤上下，山东一带新收获的玉米只有0.85元/斤，这个脆弱的"三高"能否

经得起种地农民的检验，还要看来年。

二是出现粮食进口增加的现象。我国粮食进口量近10年来屡创新高。2015年上半年，我国累计进口包括小麦、玉米、大麦在内的谷物及谷物粉1629万吨，同比增长超过60%。2014年我国进口的粮食达到历史最高水平。据农业部副部长余欣荣介绍，2014年进口总量为1亿吨，70%以上是大豆(转基因大豆为主)，达到了7140万吨。

三是食物浪费现象严重。中国每年在餐桌上浪费的食物约合2000亿元，相当于2亿多人一年的口粮，或相当于进口的食物直接浪费掉。据测算，北京中小学生仅午餐每人就浪费粮食17.775克，全北京市150万学生浪费粮食270吨。一个大学食堂仅午餐的粮食浪费就达到500~600斤；社会餐饮的浪费更惊人，根本无法估算。浪费的粮食直接废弃，食品直接等同于垃圾，这是一个非常危险的信号。食物浪费固然是非常坏的习惯，但食品质量下降、口感差、难以下咽，也是不争的事实。

四是欧盟几乎全面退出转基因。欧盟的28个成员国中，已有17国（和地区）正式绕开转基因"陷阱"而"上岸"，分别是奥地利、克罗地亚、法国、希腊、匈牙利、拉脱维亚、立陶宛、荷兰、波兰、比利时的瓦隆(Wallonia)地区、保加利亚、丹麦、德国、意大利、斯洛文尼亚、塞浦路斯和英国的苏格兰、威尔士、北爱尔兰地区，支持并且种植转基因农作物的欧盟成员国家仅5个，即西班牙、葡萄牙、罗马尼亚、捷克和斯洛伐克，另外5个国家没有种植但采取观望立场，即卢森堡、瑞典、芬兰、马耳他和爱沙尼亚。口头上支持美国的转基因战略的英国，并不搞商业化种植。

五是新公布的食物安全法要求标注转基因成分，而且随着对转基因讨论的深入，加上转基因科普力度的加大，中国公众对转基因的知晓率已为全球最高，连普通农民和城市出租车司机都知道。然而，转基因产品市场接受度并不高。由于不信任转基因，消费者普遍拒绝如紫薯、紫花生和木瓜等农产品怀疑它们是转基因的。没有消费，转基因农业的巨大产能将面临无法消化的难题——转基因食品发达国家不要，中国人也拒绝吃，这样的产品出路在哪里呢？

对转基因风险要有充分的认识

转基因有它的优势，就是可以降低人工成本，有利于发展大规模的"懒人"农业。美国种植转基因作物最多，与他们人少地多的国情密切相关，尤其是从事农业的人口更少，不足2％。然而，针对转基因的风险我们不能掉以轻心，主要表现在：

一是对粮食数量安全的影响。如果我们采用转基因方法，能否在现有的土地上获得更多的粮食？从美国的例子来看，似乎很难。美国动用了29亿亩耕地才生产了3亿多吨粮，而我们仅用18亿亩耕地就生产了6亿吨粮食。如果我们采取美国那种单一化、规模化的种植方式，后果就是单产出现不可逆转的下降。美国的土地一般只种植一季，而我们需要种植两季，并不给土地休养生息的机会，这才保住了当前的产量。

其次是转基因对生态环境的影响，对耕地质量的影响。如果继续采取粗放的做法，用地不养地，继续在化学农业的基础上掠夺地力，这对耕地原本就很少的大国来讲是弊大于利的。转基因农业推广可预期的后果是：基因漂移与基因污染、超级杂草和超级害虫出现、农药用量先减少后大幅度增加、次要害虫变主要害虫、粮食和大豆中草甘膦含量超标、营养成分发生非预期改变、生态失衡、生物多样性尤其栽培物种多样性下降、敏感人群健康受损等。美国种植转基因作物20年后，出现的超级杂草、超级害虫、基因污染、环境污染已经对该国的转基因农业模式敲响了警钟。

目前我国种地的人群一般是妇女和老人，由于劳动力严重不足，妇女和老人不得不使用国家禁止使用的一些农药。如果按美国的方式搞转基因，我们也搞抗虫和抗草甘膦除草剂，也搞懒人农业，农业的单位耕地面积上的利润将更低，连坚守的老人和妇女都会放弃土地，只能走集约化和规模化的不归路。直接后果就是栽培物种多样性下降，食品质量下降，产量下降，环境污染和耕地退化。至于有人说的转基因应用后可以减少农药用量，但从美国多年的实践来看，成功的希望渺茫，实际上农药的用量不减反增。

虽然抗草甘膦转基因技术保护了庄稼，但也会出现草甘膦残留问题；如果用来抗虫，Bt蛋白也会残留，或两者都有残留。转基因会面临基因污染的问题。在加拿大，被用作实验的油菜，开始只具备抗草甘膦、谷氨酸磷或咪唑啉酮之一种功能，后来发现了同时具备这3种功能的油菜，这说明这三种油菜之间产生了"基因交流"。人类在筛选食物的过程中，有毒的物品是不会吃的，今天的技术让原本不带毒的农作物变成带毒的了。另外，转基因作物产量的优势也不明显，甚至低于常规物种。

最后说一下知识产权问题。中国的科学家有多大的把握说抗Bt、抗草甘膦的基因是我们自己研究出来的。虽然国外的转基因技术公司现在不要钱，可一旦大量推广，他们还是会收费的。

关于草甘膦的安全性问题。最初，很多专家、商业公司宣传草甘磷比食盐还安全，但是世界卫生组织给出的结论是此为潜在致癌物。对健康影响最大的是除草剂，农村有一些自杀的人，直接喝草甘磷除草剂，根本无法抢救，而喝农药自杀的人，如及时抢救还能救过来，这说明我们对草甘磷的毒性毫无破解之法。当前，由于担心安全问题，欧洲一些国家不接受我国的转基因食品，报端屡屡出现出口到欧洲的食品检测到转基因成分被退回来的尴尬报道。这对我国的食品工业是一个巨大的打击。为此，国内专门组织了一群技术人员对出口的食品进行转基因成分检测，这让人顿有洋人被供养，我国老百姓是二等公民之感。文化不如人，技术不如人，经济不如人，连吃的食物都不如人家的健康、安全，何来民族自信心？没有民族自信，民族复兴梦能实现吗？

在国内，农药、化肥和激素的使用已经让老百姓怨声载道，农残的问题，再加上转基因的问题，消费者已经对我们的社会产生了巨大的信任危机。

我们的建议

面对以上错综复杂的形势，建议我国对转基因政策做重大的调整，针对转基因作物安全问题进行深入的研究，便于在预防未来的生物战争中掌握主动。

第一积极研究转基因危害机理及其应对措施。要像核武器那样高度重视转基因研究，美国有核武器中国也要有，我们不能吃亏，但食品转基因就要谨慎。我们的专家老吹牛说，转基因有多么了不起，我就问，你能把我们转基因粮食卖到美国去吗？卖到欧洲去吗？

要积极研究，但是要控制风险，因为全世界大多数国家对转基因食品是不信任的。要有风险控制能力，推广的时候一定要谨慎。我估计，用不了多长时间，转基因就会退出历史舞台，但是其对生态系统的影响，对人体健康的影响必须要搞清楚，要有预案，要研究清除转基因危害的途径。中国大部分转基因科学家，除了少数是利益相关者外，很多人是跟着经费走的，如果国家将转基因导向转向生物国防，大部分科学家是可以在新形势下，贡献他们的聪明才智的。

第二育种要多渠道。尤其一些传统的育种，包括中华民族几千年留下来的物种一定要延续下去。针对商品粮价格低迷的问题，国家可有意识地对一些传统品种搞育种，高价回购。每年将淘汰的种子作为粮食消耗，这样可满足种子的延续性，并可实现优中选优。转基因种子一旦流传开，农民要年年买种，这是很不合算的。转基因由于不能留种，传统种子被转了基因后就会消失，现在非转基因的棉花种子已经买不到了，这是非常可怕的。习总书记说，中国人的饭碗要端在自己手上，但起码种子要留在自己手上，如果连种子都要进口，都要花钱买，饭碗如何端在自己手上？农业是需要靠高科技，但育种的途径也要多元化，分子育种也罢，转基因育种也罢，都不能成为唯一的途径，国家不能将经费全都投入到转基因育种上。实际上，传统育种、生态育种的现实意义更大。

第三栽培措施要改良。生态农业更符合中国，毕竟还有一半人口在农村，另外我国的农村家庭每户也就十来亩地，利用生态途径防虫是能做到的。我们做过很严格的长期试验，利用物理+生物措施，农药一滴不打，害虫越来越少，下降得非常快，但是物种还在那儿。害虫这一物种没有消失，天敌也回来了。通过栽培措施上的改进，可以把农药减下来，产量也可提高。这才是中国人要走的光明大道，这样的粮食性价比提高了，市民愿意购买，也解决了农民卖粮难的问题。

第四占领研究制高点问题。转基因自主创新这个提法是没错的，就是你有的东西我也要有，甚至比你还要多，但这个要放在实验室里，而不是急急忙忙地往主粮上推广。我们的一些科学家动不动就说它比粮食还安全，吃600多年也没问题，甚至跑到街头吃转基因玉米，这个就不是研究，而是赤裸裸的推广了。既然你有这么大的把握，那你还争什么，你直接标注上转基因，到市场卖就可以了，连标注都没有勇气，偷偷卖，这对我们的消费者是不公平的。转基因在小范围内可以用，比如说木材生产或者观赏植物上，但也要考虑生物安全问题。对转基因研究制高点，必须要占领，需要有一帮人明白这个事，防止生物武器进攻。

第五一定要让消费者知情，不能糊里糊涂地就让人吃。目前，非转基因标识很大，转基因标识很小，甚至还规定非转基因也不能标识，这是有问题的。如果不给公众知情权，转基因就更不会让国人信任，这样的产品就没有人愿意消费，就会出现产品积压，造成巨大的资源浪费。明确标识，科学宣传，对愿意消费转基因的人也是公平的，毕竟不是每一个人都不信任转基因。新的食品安全法要求明确标识转基因，这就是社会的进步，就看如何执行了。

保护生物多样性就是保护人类自身

目前的自然保护区与社区发展的矛盾日益尖锐，

阻碍了保护作用的充分发挥，

应通过政府部门、科学家与社区居民共同参与，

进行平等对话予以解决。

我们今天生活的地球，面临来自人类的严重挑战。工业革命后，人口增加、环境污染、全球气候变化、大气臭氧层消失等生态灾难，制约了人类的发展，生物多样性也以前所未有的速度在减少。目前，全球人口已超过70亿，新近增长的10亿人口仅仅用了12年，伴随的严重问题是自然生态破坏和大规模的物种灭绝。

生物多样性是人类的食物、水和健康的重要保障。人类是动物大家族中的一员，动物自身不能制造食物，需要绿色植物提供。在全球30万种植物中，人类经常利用的农作物不到200种，加上药用植物，所开发利用的也不到1000种。小麦、水稻、玉米是全人类的淀粉来源，大豆、花生是主要的脂肪来源。可以说，

没有生物的多样性就没有人类的食物来源。

生物的多样性又保证了人类必需的水资源。植被通过蒸腾作用将土壤中的水输送到大气，然后参加大气水循环；地球如果没有绿色植被覆盖，水循环就绝对不是今天的样子。

再看一下生物多样性对人类健康的守护。我们都知道，在化学制药没有发明前，我们的祖先就是用天然动植物成分充当药物，至今生物制药的主要成分依然是各种动植物；另外，我们呼吸的氧气也是植物制造的。光合作用、固氮作用是地球上发生的规模最大的两个生物化学反应。更难得的是，这两个反应是在常温、常压下发生的，没有任何环境污染，是没有任何成本的最完美的化学反应，它们为人类提供了食物、水、氧气和优美的生态环境，这是无法用化学合成产品取代的。生物多样性还具有保持能量合理流动、改良土壤、净化环境、涵养水源、调节气候等多方面的功能。

中国是世界上生物多样性特别丰富的国家之一，为全球生态系统第一大国、生物多样性第三大国。中国有高等植物3万余种，脊椎动物6347种，分别占世界总种数的10%和14%。中国生物物种不仅数量多，而且特有程度高，生物区系起源古老，成分复杂，并拥有大量的珍稀子遗物种。中国广阔的国土、多样化的气候以及复杂的自然地理条件形成了类型多样化的生态系统，包括森林、草原、荒漠、湿地、海洋与海岸自然生态系统，还有多种多样的农田生态系统，这些多样化的生态系统孕育了丰富的物种多样性。中国有7000年的农业历史，在长期的自然选择和人工选择作用下，为适应形形色色的耕作制度和自然条件，形成了异常丰富的农作物和驯养动物遗传资源。

然而，非常不幸的是，人类在自身发展的同时，很少考虑到生物多样性的存在。中国是生物多样性受到最严重威胁的国家之一：原始森林由于长期滥砍滥伐、毁林开荒等已基本不存在了；草原由于超载放牧、毁草开荒等，退化面积达87万平方千米，目前约90%的草地处在不同程度的退化之中。中国十大陆地生态系统无一例外地出现退化现象，就连青藏高原生态系统也不能幸免。再以红树林为例，中国红树林主要分布在福建沿岸以南，历史上的最大面积曾达25万公顷，20世纪50年代约剩5万公顷，而现在仅剩1.5万公顷，仅为历史最高时期的6%。高等植物中有4000~5000种受到威胁，占总种数的15%~20%。《濒危野生动植物种国际贸易公约》列出的640个世界性濒危物种中，中国就156种，约为其总数的25%。因此，中国生物多样性保护形势十分严峻。

生物多样性保护关系到中国的生存与发展。中国是世界上人口最多、人均资源占有量极低的农业大国，70%左右的人口生活在农村，对生物多样性具有很强的依赖性。近年来经济的持续高速发展，在很大程度上加剧了人口对环境特别是生物多样性的压力。若不立即采取有效措施，遏制当前的恶化态势，中国的可持续发展是不可能实现的。

迅猛增长的人口是生物多样性丧失的根本原因，人们对自然资源过度利用，忽视生态、经济、社会的可持续发展，导致生物栖息地丧失，外来生物入侵，环境污染严重，使生物多样性受到严重破坏。保护生物多样性的重点是保护物种多样性，建立自然保护区，实行就地保护，这种举措在我国生物多样性保护工作中发挥了不可替代的作用。但目前的自然保护区与社区发展的矛盾日益尖锐，阻碍了保护作用的充分发挥，应通过政府部门、科学家与社区居民共同参与，进行平等对话予以解决，而要实现这一切，需让更多的人加入到生物多样性与环境保护的队五中来。

生物多样性提供了地球生命的物质基础，包括人类生存的基础。除了经济价值和生态价值外，还具有重大的社会价值，如艺术价值、美学价值、文化价值、科学价值、旅游价值等。许多动物、植物和微生物物种的价值现在还不清楚，如果这些物种遭到破坏，后代人就不再有机会利用。因此，加强生物多样性保护，才能使自然和社会实现可持续发展。

农业沦落——谁来捍卫食物安全

农药是双刃剑吗

人类与"害虫"斗争了近一个世纪，

但是人类并没有控制住"害虫"。

人类一直坚持灭杀"害虫"这条错误路线，甚至越走越远。

在人类进化史上，环境污染成为"事件"是近100年来的事。确切地讲，工业革命使得人类有了挑战大自然的资本，从生态平衡被大规模打乱的那天起，环境污染就出现了。然而，300多年前从英国发起的工业革命，毕竟局限在少数发达国家，对地球生态系统的影响是局部的，相对较轻的。然而，随着资本主义的全球扩张，人类无限制地向大自然索取，并不断向自然界排放大量有害物质，农药就是之一，它不仅杀死了人类以外的很多生命，还直接影响了人类本身。

美国生物学家蕾切尔·卡逊的名著《寂静的春天》，描述的是环境的恶化使人类面临一个没有鸟、蜜蜂和蝴蝶的世界，一个死寂的春天。造成这种结果的元凶是农药滴滴涕（DDT），但讽刺的是，它竟然是诺贝尔获奖成果。滴滴涕有很强的毒效，尤其适用于灭杀传播疟疾的蚊子。但是，它消灭了蚊子和其他"害虫"的同时，也杀灭了益虫。而且由于滴滴涕会积累于昆虫体内，当这些昆虫成为其他动物的食物后，那些动物，尤其是鱼类、鸟类，则会中毒死亡。

20世纪30到60年代是资本主义工业化高速发展的时期，也是环境污染最为严重的时期。美国洛杉矶光化学烟雾、英国伦敦烟雾、比利时列日市光化学烟雾、日本"痛痛病""水俣病"等严重污染事件都发生在这段时期。虽然不断有人因环境污染而失去了健康和生命，但大多数人却很少把生命健康与环境恶化联系起来。

翻阅20世纪60年代以前的报纸或书刊，几乎找不到"环境保护"这个词。当时主流的口号是"向大自然宣战"，"征服大自然"，在卡逊之前，几乎没有人怀疑这些口号的正确性。卡逊用大量的事实，向人们讲述了这样的道理，生态环境的容量是有限的，自然物种的消失也将会给人类带来灾难。如今，地球面临第六次物种大灭绝，全球变暖、臭氧层消失，无不证明了卡逊做出的悲剧预言的正确性。卡逊的呐喊，唤醒了公众，环境保护从此深入人心。1972年，美国禁止使用滴滴涕；同年，联合国在斯德哥尔摩召开了"人类环境大会"，并由各国签署了《人类环境宣言》；近些年来，《生物多样性保护公约》《臭氧层保护公约》《气候变化框架条约》等国际公约不断出现，各国政府都积极开展了环境保护的具体行动。

我读研究生时，所在的研究组为"环保组"，是国内最早成立的环境保护方向的课题组之一。那时候，我们几乎没有听说过什么环境污染问题，环保教材几乎都是翻译西方的。遗憾的是，几十年来我们盲目学西方，尤其是忽视了经济高速发展带来的负面作用，从而酿成了环境污染的诸多悲剧。

仅农药的使用一项，就带来了前所未有的危害。人类与"害虫"斗争了近一个世纪，但是人类并没有控制住"害虫"。人类一直坚持灭杀"害虫"这条错误路线，甚至越走越远，当年西方犯的这个错误中国正在重犯。

溴酸钾、硝基呋喃代谢物、敌敌畏、百菌清、倍硫磷、苯丁锡、草甘膦、除虫脲、代森锰锌、滴滴涕、敌百虫、毒死蜱、对硫磷、多菌灵、二嗪磷、氟氰戊菊酯、甲拌磷、甲萘威、甲霜灵、抗蚜威、克菌丹、乐果、氟氯氢菊酯、氯菊酯、氰戊菊酯、炔螨特、噻螨酮、三唑锡、杀螟硫磷……如上所列仅是我们食物中所含农药的很小一部分，如果不是专业人士，相信普通民众对它们是非常陌生的。很多化学名词是"吃"出来的，是媒体曝光食物遭受污染后，我们才认识了人造化学物质的名称。倒推四十年，中国人接触的农药种类只有"六六六""敌敌畏"等几种，且很少在食物链中使用。现在国家明文规定的，食物中不能超标使用的农药就高达3650项！其中鲜食农产品高达2495项。如果我没有理解错的话，这2495项就是我们食物中可能会遇到的。如果打印出这个清单来，需要几十页A4纸。目前人类到底使用了多少种农药？恐怕没有人说得清楚，因为化学合成的新农药越来越多，光农业部每年新登记的农药就达千种。

目前，我国每年农药使用面积达1.8亿公顷次。半个世纪以来，使用的六六六农药就达400万吨、滴滴涕50多万吨，受污染的农田1330万公顷。农田耕作层中六六六、滴滴涕的含量分别为0.72毫克/千克和0.42毫克/千克；土壤中累积的滴滴涕总量约为8万吨。我国每年农药用量337万吨，分摊到13亿人身上，就是每个人2.59公斤！这些农药到哪里去？除了非常少的一部分(<10%)发挥了杀虫的作用外，大部分进入了生态环境。

更糟糕的是，农药不仅仅在农田里使用，森林、草原、荒漠、湿地也在用，就是人口密集的城市居民小区里，也有农药的身影。如果蕾切尔·卡逊活到今天，她看到人类如此大范围内使用如此众多的农药，那么，她的《寂静的春天》恐怕要改成《死亡的春天》。

农药对人体的伤害，以中国农民最重，特别是妇女和老人。发达国家喷施农药用飞机或大型拖拉机，而中国却用原始的肩背式喷雾器，喷出来就是毒。农药有机溶剂和部分农药漂浮在空气中，污染大气，吸入人体有可能致病或致癌；农田被雨水冲刷，农药则进入江河，进而污染海洋。这样，农药就由气流和水流带到世界各地，残留土壤中的农药则可通过渗透作用到达地层深处，从而污染地下水。

大范围、高浓度、高强度地使用杀虫剂，虽暂时控制了虫害，却也误伤了许多"害虫"的天敌，破坏了自然生态平衡，使过去未构成严重危害的病虫害大量发生，如红蜘蛛、介壳虫、叶蝉及各种土传病害。此外，农药也可以直接造成"害虫"迅速繁殖。20世纪80年代后期，南方农田使用甲胺磷、三唑磷治稻飞虱，结果刺激稻飞虱产卵量增加50%以上，用药7~10天即引起稻飞虱再度猖獗。农药造成的恶性循环，不仅使害虫防治成本增高，更严重的是造成人畜中毒事故增加。

"人虫大战"并没有挫伤所谓"害虫"的锐气，"害虫"在人类发明的各种农药的磨炼下，反而越战越勇。在农村，农民最切身的体会就是，他们打了那么多的农药，虫子照样泛滥。药越用越毒，虫越治越多。虫子多了必然要再花钱买农药，这就给农药生产和销售企业带来了滚滚利润。

针对"害虫"，我们换个思路治理会怎样？即不采取对抗的办法，不用农药，而是恢复生态平衡，"害虫"数量会增加吗？自2007年起，我带领自己的研究团队，租用40亩耕地，在山东省平邑县建立了弘毅生态农场，开展生态农业试验示范研究。我们全面停止使用农药、除草剂、化肥、农膜、添加剂，不使用转基因技术，验证生态学在维持农业产量、提高经济效益中的作用。

短短3个年头，生态学的强大威力就显现了出来。由于采取严格的农田生态保护措施，农场的生物多样性大幅度提高：燕子、蜻蜓、青蛙、蚯蚓等小动物都回来了；那里的蔬菜、水果再不用担心受到昆虫危害；黄瓜、西红柿、芹菜、茄子、大葱等蔬菜接近常规产量；过去严重影响玉米成苗的地老虎成虫已被脉冲诱虫灯制服了，以前最多的时候，每只灯每晚可捕获各种"害虫"最多可达4500克，目前每晚捕获不到30克。一滴农药不用，"害虫"最多可反而不产生危害了。

昆虫有时间上的生态位差，但被抓的多为夜间活动的"害虫"，而益虫，尤其鸟类晚上很少活动，所以没有被伤害。"害虫"还在，这个物种并没有消灭，它们还有吃有喝，但形成大种群就不可能了。生态平衡建立起来后，益虫益鸟多了，害虫想成灾都没有了机会；没有农药、除草剂，燕子、麻雀、蜻蜓、青蛙、蟾蜍、蛇、刺猬都回来了，它们也要吃东西，"害虫"就是它们的美味佳肴。多样性的作物混种增加了抗虫害等风险的能力，多样性的生物群落是稳定的。在生态农场，除了种植小麦、玉米、蔬菜，还有莲藕、大豆、花生、芝麻，如此多的作物种在一起，虫子都不知道去吃哪一种，加上它们自投罗网，各种天敌守候，在真正的有机农场里，虫害是比较容易控制的。

有人说，将杀虫的基因转到庄稼里让庄稼自己生产"农药"不是更好吗？这恰恰又打乱了生态平衡，是按下葫芦起了瓢。虫子不吃你转抗虫基因的庄稼会吃别的，它们并没有被除根。而且那么多种虫子，基因又具有特异性，一种基因编码的毒蛋白只能防一种害虫，得转多少基因才能防住所有的种类的害虫？为什么不利用现成的物种呢？自然界为我们准备了成千上万种害虫的天敌。转基因除虫技术实际上是抱薪救火。事实上，使用转基因后不但要继续打农药，还要用专用农药，专用化肥，专用除草剂，这"三专"再加上转基因专利这"一专"，四座大山压榨之下，生产成本大大增加，农民还指望过上好日子吗？

由于生态农业人人可以掌握，除人工外，几乎不需要其他物质性投入，农药贩子和转基因鼓吹者们，都不愿意看到用生态平衡的办法解决他们认为的虫害"大问题"。当我们推广低成本的生态农业模式时，遭到了疯狂的围攻，甚至很多搞农学的同行和学者认为我们砸了他们的饭碗，因为如果采取生态种植模式，他们将拿不到转基因科研经费。当年卡逊的呼吁，也遭到了利益集团（主要是农药商）及其收买的无良专家、媒体的恶毒攻击，她在人们的咒骂声中离开人世。所幸的是，她留给了人类丰厚的环保遗产。

卡逊的冒死呐喊，激发了波澜壮阔的全球环境保护运动，最终促进了重大的环境法律变革，这对于经济快速发展的我国有很大借鉴意义。春天是生命活力最旺盛的季节，不应该寂静。作为地球村的一员，中国人民同样有权呼吸新鲜空气，喝上清洁的水，吃上放心健康的食品。

有人说农药是双刃剑，虽然破坏了生态平衡，但也起到了杀灭害虫的目的，我不同意这种说法，因为农药根本无法杀灭所谓害虫，其作用在哪里？我们不拒绝在极端的时间和环境里有限使用农药，但是像当前这种大规模地、无限制地、疯狂地将农药撒向我们的农田和食物，而且负面影响已经危及我们赖以生存的生态环境和我们自身的健康时，确实应该引起反思了。

人类和杂草，谁是终结者

田间杂草对农作物有很大影响。

周代已重视"以薅荼蓼"的除草工作了。

《周记·秋宫》中还提出了四种消灭杂草的方法，

分春夏、秋、冬四季运行，如全面施用，确实可收到效果。

在农田生态系统中，杂草几乎是农民最头疼的问题。杂草顽强的生命力，让农民无法预防，年年锄草，年年长草。人类与杂草斗争了几千年，至今没有太好的办法，直到发明了除草剂。然而，人类发明的草甘膦除草剂以及抗草甘膦转基因作物的使用，在暂时终结了杂草的连年危害后，却造成了草甘膦在食物中残留，这有可能会终结人类，此非危言耸听。

农田里有多少杂草呢？以我熟悉的北方为例，春季小麦田里播娘蒿、王不留、荠菜、独行菜、小蓟比较常见。由于小麦是头年秋天播种的，越冬返青后小麦成了优势种群，杂草暂时竞争不过小麦。可一旦不管，杂草就迅速生长，可以覆盖整个小麦田。

但是，毕竟春天雨水少，温度低，杂草还不是最凶的。而夏季就不同了，北方农田雨季温度高、光照强、水分好，这样就给了那些机会主义者杂草提供了大展身手的空间。即使像玉米那样高秆的作物，其下还常见十几种杂草，如马唐、旱稗、马齿苋、牛筋草等。

在古代农书上，人们对杂草并非深恶痛绝。如对杂草的防治，古人竟然说"锄禾"，禾是庄稼，怎么会除掉呢？原来，锄草的"锄"与除草的"除"不同，前者是给庄稼松土，兼切断杂草地上与地下的联系，同时切断了土壤毛细管，起到控制杂草兼保墒的作用，这样的农活农民一年要干好多次。过去农民一旦锄头拿上了手，就一直到收获，而今天的农活则是喷雾器一旦背上了肩，就一直到收获。除草剂除草只管灭杀杂草，而不管土地，也不会关心除草剂对于人类食物链的污染，喷洒除草剂这个农活本身就是很有健康风险的。除草剂的毒性很强，几十米远的地方飘过来的除草剂对那些敏感植物还有杀伤作用，打除草剂那几天，村里的农民都不敢开窗户。

生态控草是解决杂草问题的有效途径之一。人工拔草和锄草都是古老的除草方法，至今仍不失为一种有效的方法。直根系的杂草甚至某些多年生杂草在繁衍生长以前被拔出，可收到良好的效果。在我国农村，相对于其他复杂、昂贵的除草措施，人工除草简单实用，效果彻底，为广大农民所接受。另外，有研究认为，保持农田一定的杂草生物多样性，在控制害虫、保护天敌、防止土壤侵蚀、维持生态系统功能等方面，发挥着重要的作用，因此有必要对杂草的生物多样性给予适当保护。人工除草虽然是一种较环保的除草方式，但劳动投入高，化学除草虽然成本较低，但容易造成严重的环境污染，为解决两者之间的矛盾，就必须采取合理的除草措施，使农田杂草既能得到控制，又能维持较高的生物多样性，维持较高的经济效益。

然而，传统的人工锄草方式，随着大量农民工进城，劳动力的短缺，而逐渐减少了。在美国，这种古老的技术恐怕彻底消失了。在中国只有五十岁以上的老农民还会锄草。现在使用的是什么技术呢？就是除草剂。可是大量使用除草剂，杂草并没有控制住，相反，杂草年年用药，年年生长，甚至美国使用了抗除草剂的转基因技术后，农田里出现了超级杂草。

为什么农田里的杂草难以防治，甚至除草剂除出了"超级杂草"？这是与杂草的生态习性有关的。农田杂草大都是一年生植物，它们属于机会主义者，一有空间就去占领，它们对养分需求不高，也不挑地段，无论是贫瘠的荒地还是肥沃的耕地，即便是人类不断踩踏的田埂上，它们都会繁殖，并通过多种方式把种子散播到土壤里。那些埋在土壤里的杂草种子，一般很难除掉，除草剂对它们毫无办法，即使用火烧，地上的部分烧光了，但种子还保留在地下，所谓"野火烧不尽，春风吹又生"。

生态除草仅斩草除根还不够，还要从种子上控制，就是待杂草结实后人工去除。具体怎么做呢？一是要控制种源，不使其结果实，在成熟前后治理；二是以草治草，如人工播种有肥效作用的一年生豆科草本植物占据杂草的生态位；三是秸秆覆盖，利用秸秆中的生化物质对杂草实施抑制；四是人工拔草喂牛羊，但前提是农田里不能有农药，不能有除草剂。没有农药和除草剂的鲜草，动物如牛、羊、驴、兔、鹅，甚至猪是非常喜欢的。小时候，农田里的杂草很少，哪里去了呢？竟然是被我们这些孩子加上部分妇女控制住了。孩子放学后，背上筐就去拔草或割草，1000亩地里的杂草还不够生产队40头牛填饱肚子的，再加上青壮劳动力反复锄草，在人民公社期间，根本没有听说过杂草危害这样的事情。

田间杂草对农作物有很大影响。周代已重视"以薅荼蓼"的除草工作了。《周记·秋宫》中还提出了四种消灭杂草的方法，分春、夏、秋、冬四季运行，如全面施用，确实可收到效果。例如，夏季除草，把杂草地上部分全部刈割掉。夏天是植物生长发育最旺盛、消耗养分最多的时候，这时候除草，其光合作用停止，根部失去养分，必然大部分死掉。这种灭草方法，近代有的地方还在使用。

在恢复土地肥力方面，商周时代已有了一定的办法。除休耕恢复地力外，有人根据甲骨文的研究，认为商代人已在地里施用粪肥，并已有贮存人类畜类粪及造厩肥的方法。又结合消除田间杂草，人们已明确知道绿肥的作用，"荼蓼朽止，黍稷茂止"。还是由于肥料的施用，这时期才可能开始出现连作的"不易之田"。

我国春秋时期就掌握了杂草和害虫的控制方法，并知道如何用地养地，且为无污染无公害生物控制技术。

美国整个国家的历史才两百多年，它们的耕作方式是否是可持续的，根本没得到历史的验证，相反，它们耗用了大量的土地资源，才生产了亩产量不及我国三分之一的农作物，我国耕地资源本来就少，怎么能学美国的耕种方式呢？

再说，美国用转基因技术控制虫草害，而却造成"超级杂草""超级害虫"四虐。这种新技术使用了不到20年就出现了各种问题，美国都在反思甚至抛弃这个技术。而中国人发明的除草技术前后使用了2000多年，到底哪种技术好？

农业从来都不是一个偷懒的产业，如果盲目像工业生产那样提高效率，发展懒人农业，那么生存健康问题就会随之而来。2013年6月8日，美国《食物与化学毒理学》公布泰国科学家惊人的实验结果，与抗草甘膦转基因大豆、玉米、油菜捆绑使用的草甘膦除草剂农达中的活性成分草甘膦，具有雌激素作用，而且在一万亿分之一超低微量浓度范围促进乳房癌细胞增殖。泰国科学家的该项研究，有助于解释法国科学家不久前做过的长期喂养极微量草甘膦除草剂与转基因玉米研究中，发现巨大的乳房肿瘤的致癌机制。该项发现打破了过去认为"有毒有害物质残留量低于某浓度水平无害"的错误认识，揭示了草甘膦这样的有毒有害物质，在过去难以想像的一万亿分之一超低微量范围，仍然具有很强的内分泌干扰、性激素干扰作用。

市场上畅销的抗草甘膦转基因大豆油、玉米油、油菜籽油；含转基因大豆蛋白与转基因大豆油的国内外知名品牌婴幼儿配方、孕妇营养食品；转基因豆制品、豆粉等，添加转基因大豆蛋白的火腿肠、香肠、饺子等一系列冷冻食品、面包以及儿童喜爱的蛋糕、饼干；一些洋快餐用转基因油炸的食品、转基因豆浆、喂养转基因大豆、玉米家禽、家畜的肉等食品，皆可能让一万亿分之一超低微量浓度的残留草甘膦进入人类肠道，通过肠壁血液循环系统进入体内所有器官，进入孕妇体内的胎儿，种下"母细胞瘤"的种子！这就是前面我们提到了人类在没有终结杂草之前，杂草通过其顽强的抗性，可能借助于人类发明的转基因技术提前终结人类的原因。

不要让白色污染变成"白色恐怖"

中国人用地养地5000年，而使用农膜约30年，

中国的地力已经下降到触目惊心的地步，

如还不改弦更张，继续种地不养地，

100年后，将无健康的耕地可种。

由于工作关系，我连续多年在农村考察，一个严重的现象令人忧心如焚，这就是愈演愈烈的耕地白色污染问题。北方耕地几乎被清一色的白色塑料膜覆盖。从空中俯瞰，白茫茫一片；高速公路两旁，白色塑料膜一望无际，好像走入了一个"水汪汪"的世界，真是"白色恐怖"。

田间地头、渠沟路旁，甚至大街上、农户的院落里，都处都是废弃的农膜。旧的农膜没有处理完，新的农膜又铺上了，这一奇特景观在改革开放前的农村是根本看不到的。我曾实地考察过几十个国家，从来没有一个国家像我国这样，大张旗鼓地应用农膜。

使用农膜的主要目的有两个，一是建造塑料大棚生产反季节蔬菜或水果；二是直接铺到耕地上，生产经济价值较高的蔬菜或作物。在山东、河北农村，我了解到，目前农民种地，除了玉米、小麦等大宗作物外，花生、土豆、西瓜、大蒜、茄子、辣椒、黄烟等作物，几乎毫无例外地覆盖农膜。

据农民介绍，土地覆盖农膜后，由于改善了土壤温度、湿度，生长季节可以延长，产量能够提高20%~50%，个别作物的产量甚至可以翻倍。通过覆盖农膜增加产量是农学家的新技术发明，但是，谁也没有想到，我们的生态环境能够承受多少农膜污染？目前，我国每年约50万吨农膜残留在土壤中，残膜率达到40%。这些农膜在15~20厘米土壤层形成不易透水、透气性很差的难耕作层。

尽管一些勤快的农民，会将农膜从地里挑出，但他们仅仅是将农膜从自家的田里扔到地头上。由于农膜质量较轻且沾满了土，回收利用的价值并不大，因此，很少有人愿意收这种废品。当农膜积累多了以后，农民大多是一把火点了，可燃烧后的农膜造成的污染更大。

那些自然界不能分解的有机化合物，被称为持久性有机污染物（POPs）。2004年正式生效的国际《斯德哥尔摩公约》，把艾氏剂、狄氏剂、异狄氏剂、滴滴涕、七氯、氯丹、灭蚁灵、毒杀芬、六氯代苯、二噁英、呋喃以及多氯联二苯12种化合物列为首批对人类危害极大的POPs，在世界范围内禁用或严格限用。它们在自然界中滞留时间很长(最长可在第七代人体中检测出)，毒性极强，可通过呼吸和食物链进入人体，导致生殖系统、呼吸系统、神经系统等中毒、癌变或畸形，甚至死亡。焚烧农膜极易产生上述12种POPs中的至少5种，即后5种。

20年前，农业部和科技部的官员希望科学家们尽快拿出降解农膜的方案，筛选特殊的微生物来分解农膜。遗憾的是，至今没有令人兴奋的消息。虽不断有人传言研制出了可降解农膜，但是，因其价高质劣，农民根本不用。这里，主管官员和科学家们都犯了个常识性的错误——农膜是自然界根本不存在的东西，哪里有什么微生物愿意"吃"它们？为什么不研究替代措施或者制定政策，让老百姓停止使用农膜，从源头控制白色污染呢？

诚然，大量使用农膜，产量上去了，但是生产出来的东西不好吃了，即质量下降了。任何生命的生长都有其固定的规律，本来长得慢的非要让它长得快，其代价就是质量的下降和环境的污染，表现在作物和蔬菜上就是风味下降和耕地污染。在农村，我看到大蒜基部比拇指粗，这在二三十年前是根本不可能的，这是农膜和化肥的"贡献"。农民也说，现在的大蒜辣味不足了。

产量高，农民可多卖钱，至于好吃不好吃，没人操心。可是，农民的收入并没有得到真正提高。农膜增产后的利润"大饼"被其他人瓜分了，农民获得的部分是最少的，而风险却让农民来承担。农膜商、运输商、出口商、批发商、田间小贩、零售商，他们的眼睛早就盯上了农业增收带来的那点可怜的利润（国家减免农业税或粮食直补带来的效益很快就被农资的涨价抵消了）。农民承受了土地污染的苦果，但他们永远处在社会的底层，即使提高了产量，但多出来的收入远没有外出打工挣得多。在沂蒙山区，我了解到，非常新鲜的蒜苔前天是5角一斤，昨天是4角，今天就是3角了。某年大蒜田间价是1.2元/斤，第二年却只有0.7元/斤。

通过铺膜并增施大量的化肥来提高土地生产力，正如给土地吃"鸦片"，植物长快了，产量提高了，但是，土地就会对这些物质产生强烈的依赖，地越种越"瘦"。现在农民普遍反映"地不上大量化肥就不长庄稼"。那些残存在土壤中的农膜，再加上过量使用的化肥、农药、除草剂、添加剂等，将逐渐在耕地中积累，长期下去，耕地将元气大伤。

中国人用地养地5000年，而使用农膜约30年，中国的地力已经下降到触目惊心的地步，如还不改弦更张，继续种地不养地，100年后，将无健康的耕地可种。而且，目前的农业生产方式下，中国人一边吃化学化的食物，一边呼吸含有二噁英的空气。从事农业生产的农民受害最大，中国农村癌症患者越来越年轻化，我们必须高度重视这个危险的信号。让人无法理解的是，在没有找到降解农膜的办法之前，农业部和各级政府却仍然积极推广。

　　覆盖农膜带来的增产，相比其带来的危害可谓得不偿失，而且增产不一定非要覆盖农膜。通过增加土壤有机质而使土壤变黑，即将秸秆通过牛羊等动物转化成肉、奶和肥料，肥料产生沼气提供能源后，再将沼渣和沼液还田，就能逐步培肥耕地。增加土壤有机质，增加土壤团粒结构，依然能够改善土壤水、肥、气、热条件，达到覆盖农膜的效果，这个做法能使土地持续保持高生产力，而非短期保持。增加动物生产和能源生产后，耕地所创造的价值大大高于覆盖农膜带来的效益。增加有机肥就会减少化肥用量，取消农膜覆盖就会使生产成本下降，并从源头杜绝白色污染。所有这些事关农业根本出路的问题，我国的农业部、环保总局、国土部、科技部等相关部门为什么不重视呢？

　　总之，提高农民收入，必须采取正确的做法，增产的同时要增效，要保护耕地，减少环境污染。"杀鸡取卵"式地用地不养地，甚至毁地、害地的做法，不能再持续下去了。

抗生素污染了我们的食物链

抗生素一定不能滥用，要尽量让病菌少接触抗生素，
关键时刻再给予致命一击，以免使病菌整体的耐药性得到提高，
最终造成无药可用的局面。

抗生素，顾名思义，是抵抗其他生命的要素。在自然界中，抗生素是由微生物（包括细菌、真菌、放线菌属）或高等动植物，所产生的具有抗病原体或其他活性的一类次生代谢产物，是一类能干扰其他生物细胞发育的化学物质，如大蒜产生的大蒜素能够杀死很多微生物，这些抗生素都是天然的。

抗生素的主要功能是抑菌或杀死病毒。自从了解了这一基本功能后，人类开始大量合成抗生素。临床常用的抗生素，可从转基因工程菌培养液中提取获得抗生素，或者人类知道了抗生素的分子结构以后，直接用化学方法合成或半合成抗生素。这就使抗生素的数量猛增，目前已知的各种抗生素不下万种。

抗生素以前称抗菌素，事实上它不仅能杀灭细菌，对霉菌、

支原体、衣原体、螺旋体、立克次体等其他致病微生物，也有良好的抑制和杀灭作用。如果不加限定，通常将抗菌素称为抗生素，这就是说抗生素是用来杀菌的。通俗地讲，抗生素就是用于治疗各种非病毒感染的药物。

在西医语境里，他们认为很多疾病是细菌等微生物作怪，能够找到杀死它们的微生物，就能够治病。然而，事物总是一分为二的，抗生素能够杀死有害微生物，也能够杀死有益微生物，但是那些被人类定义为有害的微生物，会产生强烈的抗性对抗人类施加的各种抗生素，直到某些药物不起作用，这就诱导出了"超级细菌"等医学难题。

"超级细菌"为现代医学带来严峻考验，人类正进入后抗生素时代，普通病菌感染再度成为致命因素。感染"超级细菌"患者的死亡率大约是感染不耐药细菌患者的两倍。

抗生素之危害

中国是抗生素使用大国，也是抗生素生产大国，年产抗生素原料大约21万吨，出口3万吨，其余自用（包括医疗与农业使用），人均年用量138克(美国仅13克)。

据卫计委细菌耐药监测结果显示，全国医院抗菌药物使用率高达74%，居全球之首。在美英等发达国家，医院里抗生素使用率仅为22%~25%。中国的妇产科长期以来都是抗生素滥用的重灾区，上海市长宁区中心医院妇产科多年的统计显示，青霉素的耐药性几乎达到100%。而中国的住院患者中，抗生素的使用率则高达70%，其中外科患者几乎人人都用抗生素，比例高达97%。

抗生素的副作用主要有以下几方面：

1.神经系统毒性反应。会引起耳鸣、眩晕、耳聋等，会引起神经肌肉阻滞，表现为呼吸抑制甚至呼吸骤停，还可能引起精神病反应等。

2.造血系统毒性反应。可引起再障性贫血、粒细胞缺乏症或造成血小板减少，嗜酸性细胞增加等。

3.肝、肾毒性反应。可致转氨酶升高，引起肾小管损害。

4.胃肠道反应。可引起胃部不适，如恶心、呕吐、上腹饱胀及食欲减退等，甚至可致胃溃疡。长期服用抗生素可导致错杀体内正常的益生菌群，造成肠道失调，从而引起多种肠道功能异常及不良反应。

5.抗生素可致菌群失调，导致吸收不良综合征，使婴儿腹泻和长期体重不增等。

6.抗生素的过敏反应一般分为过敏性休克、血清病型反应、药热、皮疹、血管神经性水肿和变态反应性心肌损害等。

中国感染性疾病占全部疾病总发病数的49%，其中细菌感染性占全部疾病的18%~21%，也就是说80%以上属于滥用抗生素，每年有8万人因此死亡。中国是世界上滥用抗生素最严重的国家。

水环境中的抗生素

水中哪里来的抗生素呢？人类的饮用水源，原本不可能有抗生素存在的。遗憾的是，现在人类喝的自来水也难逃抗生素的影响。

水中的抗生素首先来自抗生素工厂的排放。北京师范大学水科院副院长王金生团队发现，全国的主要河流，海河、长江入海口、黄浦江、珠江、辽河等河流的部分点位中都检出了抗生素。高抗生素含量地区往往与周围分布有抗生素厂有关。其中在沈阳抗生素厂附近的排水沟，6-氨基青霉烷酸的数值高达178纳克/升。另外两种抗生素，氨苄西林和阿莫西林的数值也在100纳克/升以上。

有记者调查发现，山东某医药公司的外排污水中，某种抗生素含量甚至达到了53688纳克/升，这些含抗污水最终进入京杭大运河济宁段。我国污水处理厂对抗生素根本无法处理，自来水中的抗生素污染几乎不可避免。

珠江广州段受到抗生素药物的污染非常严重，脱水红霉素、磺胺嘧啶、磺胺二甲基嘧啶的含量分别为460纳克/升、209纳克/升和184纳克/升，远远高出了欧美发达国家河流中100纳克/升以下的含量。

其次，水中的抗生素也来自规模化养殖场。2013年中国使用抗生素达 16.2 万吨，其中52%为兽用抗生素；在36种常见抗生素中，兽用抗生素高达84.3%。这么多的抗生素，不可能全部利用，事实上，大部分都排放到环境中，造成污染。

广东是生猪大省，在肇庆市鼎湖区莲花镇，粗略估计，兽药店超过30家。记者发现，药品种60%~70%都是抗生素类药物，买主主要是周边大大小小的养殖场。

那些来自猪场、鸡场的没有经过任何净化的养殖废水正在成为水土环境中主要的抗生素污染源。除了治疗猪鸡等动物的病以外，很大一部分抗生素用于饲料添加剂中，就是所谓促生长用，甚至在一种牲畜身上投用十几种抗生素。

药店老板告诉记者，镇上的养殖户几乎都需要买抗生素药物来防止因发病而导致的牲畜死亡，而进入牲畜体内的抗生素，大部分都通过粪便进入河流、土壤，成为隐形的污染。

第三个来源是医院。病人大量使用的抗生素，会通过医院的下水道进入环境。

第四个抗生素来源是生活污水。蔬菜上残留的抗生素清洗后通过下水道进入环境。

按照人口密度对比线来划分，人口较为密集的东部抗生素排放量密度是西部流域的6倍以上，京津冀、珠三角、长三角地区，环境中抗生素的浓度最高。其中，阿莫西林等7种抗生素在流域水环境中的浓度高于1000纳克/升。十年来，中国科学院广州地化所应光国团队对全国58个河流流域进行调查，获取了36种抗生素在全国的使用量和排放量。"滥用"和"惊人"是应国光研究员描述中国抗生素使用现状的"热词"。

尽管排放到环境中的抗生素是微量的，危害不那么直接，但却是持续性的，会导致整个微生物系统的耐药性。比如青霉素，过去被称之为"神药"，挽救了很多人的生命，而现在青霉素对大部分人都已经不管用了。究其原因，就是细菌长期适应了抗生素环境，产生了耐药性，这种耐药性在很大程度上是由抗生素污染造成的。另外，抗生素环境污染是慢性中毒，它对生殖系统，对内分泌系统构成危害，其表现是非急性的，比其他有机污染物更可怕。

水、土壤和食物中都检出了抗生素，抗生素污染正在我们的身上得到显现。2015年4月，复旦大学公共卫生学院的研究显示：江浙沪受检的1000名儿童中，至少有58%的儿童尿液中检出抗生素，而这些抗生素的来源正是环境与食品。

生态失衡、环境恶化，制造了大量病人，工厂化养殖让那些抵抗力较强的饲养动物也疾病缠身。人和动物生病都要用抗生素，于是抗生素工厂业务繁忙，但排放在废水中的抗生素最终进入到环境尤其水环境中，又会让人畜致病，这就形成了一个恶性循环。

食物中的抗生素

由于水环境中含有抗生素，那么我们的食物中就不可避免地会出现抗生素。

先来看抗生素鸡。工厂化养殖造成鸡的生长环境非常恶劣，非常容易生病，死亡率很高，养鸡场不得不使用大量的抗生素。一只速成鸡短短一生(45天左右)所吃的抗生素高达18种。由于养鸡场每天使用大量的抗生素，导致一些病菌对抗生素产生耐药性，到养殖后期就有越来越多的鸡死亡。于是有的养鸡场为了缩短养殖周期，还要给鸡喂食一种特效药物地塞米松。

再来看抗生素猪。在所有饲养动物中，除了鸡，可能就是猪身上的抗生素最多了。德国食品领域2015年爆发了"抗生猪"丑闻。2015年2月10日，中央人民广播电台中国之声"全球华语广播网"报道，在德国，超市中有25%的生鲜猪肉含有对多种抗生素具有耐药性的细菌。可见，即使发达国家，也很难监管抗生素的滥用。

奶品中的抗生素。近年抗生素奶一度成为公众关注的热点。本来抗生素是用来治疗病牛的，奶牛每到换季时容易患乳腺炎，机械挤奶比人工挤奶更容易让奶牛患乳腺炎，乳企只能注射抗生素使病牛恢复健康。经过抗生素治疗的奶牛，在一定时间内生产的牛奶会残存少量抗生素。

　　除了上述鸡、猪、奶，人工养殖的鸭、鹅、鱼、黄鳝、螃蟹等面临抗生素污染的风险也很高。越是让动物们生长得快的科学技术，抗生素用量就越多，残留也就越多。

　　蔬菜中也有抗生素。暨南大学硕士生包艳萍在其硕士论文《珠三角蔬菜中磺胺类抗生素污染特征研究》中，指出我们日常食用的蔬菜中含有8种磺胺类抗生素。抗生素检出率最高的可达75%，平均含量最高达125.78纳克/千克。超市中的蔬菜类磺胺类抗生素的总含量在18.88微克/千克。其中，瓜果类的抗生素含量大于根茎类大于叶菜类；不同等级的蔬菜抗生素含量为：绿色>普通>无公害>有机。

　　蔬菜中的抗生素来自土壤污染。浙江大学资源与环境学院鲍陈燕等从浙江省杭州、嘉兴和绍兴3个城市采样发现，蔬菜地表层土壤样品含有4类8种抗生素，分别为土霉素、磺胺二甲嘧啶、恩诺沙星、四环素、磺胺甲噁唑、泰乐菌素、金霉素和磺胺嘧啶。蔬菜地土壤中抗生素的检出率和残留含量与施肥方式密切相关。土霉素的平均含量占8种抗生素总量平均值的67%。蔬菜土壤中的抗生素超标，势必影响到蔬菜中的抗生素含量，对人类食物链造成潜在危害。

　　这揭示出的问题带给我们什么样的思考呢？

动物养殖过程中的抗生素

蔬菜和蔬菜地中的抗生素，来自不合格有机肥的污染。中国农科院李志强等对天津蔬菜地土壤及有机肥中抗生素残留研究发现，集约化养殖场的猪、鸡粪便中金霉素检出率达到78%，最高值达到563.8毫克/千克（干基）；四环素和土霉素检出率也高达56%，最高值分别为34.8和22.7毫克/千克。

养殖场里的抗生素通过两种途径进入，一是养殖本身疾病防治与治疗；二是即使动物没有病，抗生素也会添加进饲料里预防疾病。

以速生鸡养殖为例。第2～3天，用抗菌药物，也就是抗生素。通常使用氧弗沙星等药，将药溶解到鸡的饮用水中，按说明书的用量再翻倍使用，一般1000只鸡/瓶（100g/瓶）；第18天后，鸡很容易得病，要对症下药，用抗生素、抗病毒的药物。第28～29天，还需要加防一次。

鸡容易得肠道性疾病，一得病就几天不下蛋，防病、治病是最要紧的事，所以养殖户购买的饲料里通常添加红霉素、土霉素等。

目前问题的严重性是，人类饲养的绝大部分动物都可能被喂养抗生素，如各种家禽、家畜、鱼类、淡水养殖、海水养殖等。抗生素被广泛应用于农业饲养和渔业养殖中。

尽管有专家指出，动物产品抗生素残留量极低，对人体的直接毒性也很小，但长期食用后可在体内蓄积，会给人体健康带来严重危害。人们经常食用含有抗生素的食品，耐药性会不知不觉增强，一旦患病，再使用这些抗生素则无济于事。

我国抗生素管理分为两块，人用抗生素归国家食品药品监督管理局管理，兽用的则归农业部管理。而在美国，食品药品监督管理局全面管理，无论是动物使用还是人类使用，欧洲也是如此。人用抗生素使用量还有医生把关，动物用抗生素的用量就无人把关，养殖户就是医生，使用量凭个人感觉，至于在饲料里添加抗生素，就更缺乏管理了。

抗生素一定不能滥用，要尽量让病菌少接触抗生素，关键时刻再给予致命一击，以免使病菌整体的耐药性得到提高，最终造成无药可用的局面。现在使用的青霉素针剂里的抗生素浓度，远远高于数十年前刚刚开始应用时的浓度，但治疗效果却不比当年，可见细菌的耐药性已经到了多么可怕的程度。

中医将亡于中药吗

在市场经济面前，农民种中草药如种庄稼一样，
采用农药、化肥、地膜、激素催熟等办法，
为了获得高产，大量使用化肥种植中草药已经是公开的秘密了。

中药材作为中医的重要组成部分，对人类战胜疾病做出的贡献是举世瞩目的，屠呦呦获得诺贝尔生理与医学奖就是对中医药的充分肯定。然而，遗憾的是，由于严重违背生态学规律，中药材面临着来自资本市场的疯狂入侵，中药材向着远离道地性和有效成分方面越走越远了。

中药材转基因

为了适应快速生产中药材的需要，满足生产者用懒人农业的办法生产中药材，一些研究机构竟然将转基因——这种在食物应用面前全球争议的技术，用在中药材中。或许就在人们为转基因食品是否安全纠结不清时，转基因中药已经进入了我们的肠胃。

早在1999年，就有人利用转基因技术，提高枸杞等药材的抗病虫害能力和药材产量。

根据我们的初步调查，目前已经实现转基因，或正在进行转基因研究的中草材包括金银花、忍冬藤、连翘、板蓝根、鱼腥草、人参、太子参、大枣、枸杞、核桃仁、丹参、绿豆、黄芪、百合、青蒿、何首乌、龙眼肉、杜仲、甘草、半夏、桔梗、银杏、麻黄、防风、芦根、地骨皮、竹叶、菊花、广藿香、巴戟天、枳壳、夏枯草、珠贝母等。

因此，转基因早已对中药材下手了。不仅转了微生物的基因（如超霉菌、苏云金杆菌），转了动物的基因（如兔子、鱼、鳖等），甚至还转入了人的基因。部分中药材转基因技术已经成熟，有些已在大田推广。中药材的药效与其道地性有很大的关系，越是天然的效果越好，而转基因中药材改变了其平衡成分，或者将有毒有害的基因或抗生素基因转入到中药材中，达到抗病、抗虫、抗除草剂等目的。这样的中药材还能够给人治病吗？

中医药是中华民族的瑰宝，中药也被转基因了，那么中药不但起不到治病的作用，而且还会加重用药者的病情，成为慢性毒药，转基因对中医药将是毁灭性的打击，很多老中医抱怨所开出的药方效果差了，说不定其开出的药方中已含有转基因成分，已不适合做中药材了。

化肥催大的中药

在市场经济面前，农民种中草药如种庄稼，采用农药、化肥、地膜、激素催熟等办法，目的是为了获得高产。

"橘生淮南则为橘，生于淮北则为枳"，中药材历来讲究原产地。当归，必须是甘肃定西地区的，大黄是甘肃礼县铨水乡的，生地是河南焦作、温县，山西临汾、运城一带为佳，一旦改变了环境，药效往往就下降了。然而，遗憾的是，现在农民种植中草药早已突破了产区概念，连栽培方法都发生了重大变化。

板蓝根、人参等，长相和正宗产地的一模一样，本身也不是假药，但药检发现有效成分很少甚至为零，毫无药用价值。地黄同样如此，河南武陟产的和浙江某地产的经过检验，发现梓醇含量相差810倍。过去鱼腥草主要生长在深山的水沟溪泉两边，没有污染，煮了以后给小孩退烧很快就能见效，现在云南、贵州、四川，把鱼腥草洒在大地里，像种蔬菜一样。原来种庄稼的农田，已经施过很多年的化肥农药，现在种鱼腥草继续施加化肥。肺炎发烧，以小孩居多，小孩病情变化很快，以往一服药就能扳过来，现在拿这样没什么疗效的鱼腥草做药，吃了能不误事吗？

云南某药最重要的原材料野生重楼，又名七叶一枝花，野生重楼已经濒临灭绝。人工栽培的重楼，如果能使产量倍增，就什么办法都用；麦冬使用壮根灵后，单产可以从300公斤增加到

1000多千克；党参使用激素化肥后，单产量也可增加一倍，但药效可想而知。

含有毒害作用的尿素，在土壤中常生成少量的缩二脲，其含量超过2%，对中草药种子和幼苗就会产生毒害；含氮量高的尿素分子也会透入药材种子的蛋白质分子结构中，使蛋白质变性。含有腐蚀作用的肥料，如碳酸氢铵和过磷酸钙，用作中药材栽培的底肥，对品质影响很大。然而，当前农民种植中草药是为了卖钱，他们怎么会关心化肥对药材质量的影响呢？

如此乱象让南京中医药大学周仲瑛教授发出"中医将亡于药"的感慨。

农药洗礼的中药材

除了普遍使用化肥，种植中药材大量使用农药和除草剂也是令人忧心的。喷洒农药是为了控制虫害，施加除草剂是为了控制草害，而今这种化学农业模式已经从瓜果蔬菜延伸到本该治病救人的中药材身上。

中草药中到底含有那些农药成分呢？2013年6月24日，绿色和平国际组织在北京召开了《药中药——中药材农药污染调查报告》新闻发布会，报告显示，北京某某堂、云南某药等9家著名中药品牌企业抽检超七成含农药残留。继硫黄熏蒸、重金属超标后，中药材又遭遇了"农药残留"的尴尬。

2012年7月~2013年4月，绿色和平组织在北京、昆明、杭州、天津、香港等9座城市购买了65个常用中药材作为样品，送往具有资质的独立第三方实验室进行了农药残留检测。结果显示，65个样品中多达48个含有农药残留，占全部样品数的74%。32个样品都含有3种或以上农药残留，多地著名中药堂贡菊发现了超过25种农药残留。

如果以欧盟的农药最大残留标准来进行对比的话，部分样品农药残留超标数十甚至数百倍。例如欧盟的甲基硫菌灵最大残留值为0.1毫克/千克，某大药房的金银花甲基硫菌灵残留量为11.3毫克/千克，超标100余倍；而在北京某某堂的三七花中检出该农药残留量51.6毫克/千克，超标500倍。而来自某中药商店的三七花中，多菌灵、苯菌灵含量超标570倍。

另外，在全部9个品牌的26个样品中发现了甲拌磷、克百威、甲胺磷、氟虫腈、涕灭威、灭线磷等6种禁止在中药材上使用的农药。据世界卫生组织分类，甲拌磷、涕灭威、灭线磷均为剧毒类农药。如果大脑发育关键时期的儿童与有机磷类农药接触，会导致神经系统的发育受到影响，可能表现出认识能力和短期记忆能力降低。在调查的众多药企中，自身拥有GAP（中药材生产质量管理规范）基地的不在少数，可即便如此，农药残留超标的问题依然存在，比如检测出甲基硫菌灵残留超出欧盟标准500倍的北京某百年老店。

实际上，一位中药材经营者称，"GAP基地往往是形式上的，药企只要通过了GAP认证，就交由农户承包种植，农户不会管这些"。如果完全按照GAP标准操作，成本会非常高"。他举例，一种药材，按照GAP的方式种植出来，零售价应该达到60元/斤，但市场上有大量的非GAP标准种植的该种药材，其市场价只有30元/斤。

中草药中农药残留，尤其是重金属超标等原因影响了中药材药性的发挥，药性的衰退是不争的事实。原本使用5克就足够的，可能现在使用10克，药性都不太明显，甚至要用到15克。

当前，人们对食物中的农药残留给予了极大的重视，不少消费者已开始购买有机食品或绿色食品，倒逼农作物或蔬菜生产转型，但对于治病的中医药材，民众关注度明显不够。中医在西医的打压下，加上一些假冒中医的出现，治疗效果已大不如前，即使技术高超的老中医，也因中草药质量的下降而束手无策。中药材生产技术改革已经到了中医生死存亡的紧要关头了，唯一的办法就是采用生态学的办法进行生产。

高价买"药渣"

中药材除了被转基因、化肥、农药、除草剂摧残外，一些假中医贩子竟然连中药渣都不放过，打着做中医材生意的旗号，对原本废弃的中药渣采取一定的技术手段，使之重新还原为中药材。

药渣是中药材的废弃物，这样的废弃物连做饲料的资格都不够，只能做肥料或做垃圾降解，如何由摇身一变成为中药材呢？利益使然。

有中医师说，他们买的西洋参，一泡就没有味道了，因为这些西洋参早已被萃取过有效成分。很多冬虫夏草也已被提炼，药材商将"药渣"用啤酒浸泡，让消费者误以为是真货。没有经过萃取的虫草外观饱满、色黄而亮，现在市场上至少70％的冬虫夏草，都被提取了有效成分，干巴巴的，虫体较硬，也没有香菇一样的香气。即使正规药材市场，都充斥着以"药渣"冒充的正品，这让制药厂也很头疼。

据中药专家透露，以下这些药材都发现过"被萃取"现象：人参、西洋参、党参、冬虫夏草、黄连、黄柏、牡丹皮、首乌藤、金银花、连翘、八角茴香、山茱萸、连翘、桔梗、淫羊藿、川贝、五味子、益母草、泽泻、白术、鸡血藤、柴胡、穿山甲、紫河车等。

除了用中药渣，不法分子还对中药材中直接"掺杂使假"。主要做法为掺入面粉、糖、白矾、食盐、滑石粉、石英粉、泥土、锯末等，有的地方将金银花茎叶、萝卜条、药渣掺杂在金银花中。如果病人知道他们花高价买到的是药渣，是假冒中药材，其心中的怒火该朝谁发泄呢？

　　著名国药大师骆诗文曾跑遍了全国17个中药材市场，总结出来常见的造假手法有山萸肉掺进葡萄皮，黄芩中掺桑寄生，用塑料做穿山甲甲片，把树枝包上毛皮，切成片冒充鹿茸，在海马肚子里灌玻璃胶，往虫草上粘铅粉等不一而足。中成药造假则更有隐蔽性，比如衡量萸肉的质量标准是熊果酸的含量，一些药厂就往里掺山楂，结果一样达标，疗效根本没有人管。

　　自从清末太医院被废止，中医药就开始走上了被边缘化之路，经过"现代化"的洗礼，如今更是风雨飘摇。中药材转基因、化肥催肥、农药洗礼、中药渣充斥中药材市场必须要退出历史舞台了，否则我们远则愧对先人，近则将贻误诊治，让无数病人雪上加霜，家破人亡。

"懒人农业"能养活中国吗

整个中国，仍然朝着懒人农业的不归路狂奔，

大自然的报复还在后面，不仅仅表现在产量方面，

在质量、安全和健康方面，

还会让我们遭受更大的、更可怕的灾难。

所谓懒人农业，是在大面积的农田上，从事农业生产的农民比例非常小，而靠机械能或化学物质替代人工的农业生产方式。美国是懒人农业的典型，农田里没有劳作的农民，美国的农业生产方式完全依赖大机器、大农药、大化肥。

美国的农场很大，而干活的人却很少，有一户家庭大农场，两口子经营了1万英亩（1英亩=4046平方米）的土地，相当于中国的6.06万亩，种植了苜蓿、西红柿、青椒等作物，最忙的时候，也只不过雇佣20人帮忙，工时达30美元一小时。农业工人是从墨西哥等地雇来的，他们是专职的农业打工仔。

美国式懒人农业离不开大型机械设备，比如租用飞机喷洒农药，

这样的农业生产方式被国内的农业专家奉为农业生产的最高境界。

2014年国庆节期间，我随同中国科学院考察团，来到美国西部，现场看到了该种农业生存方式带来的弊端——大量资源的浪费。

一个人耕作上万亩土地，除了粗放还是粗放，单产和作物多样性下降是不可避免的。这样就浪费了土地资源。其次，机器收储运，浪费很严重。在西红柿和青椒收获现场，我粗略估计，西红柿扔掉了十分之一，青椒扔掉了四分之一到三分之一，这都是机械收不上来白白浪费到地里的。

美国几乎所有的作物种植方式都离不开农药、化肥和机械。我问陪同的加州大学戴维斯分校的农业推广协调员："你们还有哪些作物是靠人工收获的？"他想了想说："没有了。"美国目前从事农业的人口比例为1％，他们还为世界市场提供了一定比例的粮食。但这并不能表明美国农业发达，产量高，相反，他们的单位产量和效益是极低的，美国靠丰富的耕地资源生产出了丰富的粮食，即使亩产低，但由于耕地多，总产量也较多，这是典型的高资源，大浪费，低效益。

可悲的是，在主流农学家鼓动下，中国也发展美国式的懒人农业，造成了大量的资源浪费，最终结果是作物减产或绝产，前期投入成本都收不回来，白白浪费了劳动力。盲目学习美国的机械化生产是典型的食"洋"不化，无视国情。中国耕地少，只能采取精耕细作的方式，必须追求高亩产。高亩产没有人力投入是不行的，美国那种1人种几千亩地上万亩地的生产方式，肯定会让中国人饿肚子。

懒人农业大量使用农药化肥，也会带来严重的后果，除前文提到的对生态环境的破坏之外，还会造成作物的减产，甚至绝产。在我们的农业试验基地周边，农民向我反映他们种的大蒜没有"米"，即不结蒜瓣，蒜头很大，里面却是空的，农民称为"胖蒜"。山东一带的大蒜主产区，"胖蒜"出现的概率达50%以上，严重的地段全部都是。一旦出现"胖蒜"，农民连种地的成本都收不回来。

"胖蒜"的出现说明中国的耕地质量下降到了非常严重的程度。连续30年来，农民只施加化肥不用有机肥，并在种植大蒜以后将除草剂、剧毒农药都施加在地里，并蒙上一层塑料膜。在这样严酷的环境下，植物怎么能够生长好呢？

"胖蒜"让农民苦恼不已，而又多年找不到原因。有的农民终于怀疑是化肥的问题了，他们从最简单的事实中得出结论，少上化肥，多上土杂肥，"胖蒜"就出现得少，只上化肥，不上土杂肥，"胖蒜"就多。

山东平邑县蒋家村村民蒋建启最先发现这个原因。结果，我们的有机试验农场积攒的牛粪被附近的农民一抢而空，有的农民甚至预订了来年的牛粪。由于我们养育的肥牛，不喂饲料，不用激素，牛粪是天然的有机肥料。农民当然喜欢用，过去他们都是从养鸡场和养猪场买肥料，可因含有各类激素、添加剂和重金属，肥田效果不理想，现在农民不愿意用了。

让我们这些研究人员汗颜的是，"胖蒜"问题居然是农民自己解决的。其实农业技术不需要多么高大上的技术，不需要投入那么多人力物力研究，只要遵从生态规律，农业生产就能既健康又高效。我们反复试验后证明，不但"胖蒜"问题，其他农业怪病，在停止化肥、农药、农膜、除草剂后，都消失了。

可是城里人不像农民喜欢吃干蒜，农民把"胖蒜"便宜卖给了批发商，最后制成了各种加工品，那些含农药、除草剂的"胖蒜"还是跑到了我们的身体里。与其说农民害人，不如说农药化肥害人，因为农民辛辛苦苦一季，他们不可能把"胖蒜"扔掉，毕竟农民也要吃饭。当然，"胖蒜"没有蒜瓣，不辣。可这难不倒我们的食品加工厂里的农学化学高才生们，他们会人工合成大蒜素，掺在大蒜制品里。

不光大蒜出现问题，一些地区的大豆、水稻等都出现严重病害，甚至绝产。其实这都是懒人农业导致的农业生态系统退化造成的。

当今农民种地，图简单，图省事，机械种植以后基本很少管理，只一味地打除草剂，喷洒农药。这种所谓现代化农业，很多人居然称之为农业革命。然而这种减少劳动投入的懒人农业却带来了种种问题，即不抗旱、涝、冷、热或其他气候灾害，庄稼很容易生病，且病后用普通农药难以控制。

虽然农民已经意识到这个问题，但悲哀的是他们无力改变，主要原因在于无法获得足够的有机肥，也不愿意多投入劳动力。人，几乎全部的青壮年都跑到了城里；畜，现在鸡、猪全部规模养殖，全是抗生素和各种添加剂。没有有机肥，农民仍然不得不继续使用农药、化肥和除草剂。农民们现在非常后悔，但又无计可施。可是，整个中国，仍然朝着懒人农业的不归路狂奔，大自然的报复还在后面，不仅仅表现在产量方面，在质量、安全和健康方面，还会让我们遭受更大的、更可怕的灾难。那些依旧沉浸美国式懒人农业梦的人，是不是该醒醒了？

农民的生计问题就是农业安全问题

农民连生计都成问题，自身都难保，
怎么能保证我们的粮食安全和农业安全呢？
当我们抱怨蔬菜里的农药超标，粮食里的重金属污染时，
是否考虑过农民的付出和回报是如何得不成比例？

当前，我国社会两级分化现象十分严重，有7017万现行标准线以下的贫困人口，他们大部分生活在农村。按照政府2020年全面建设小康社会的要求，使贫困人口脱贫，还有不到5年时间，仅靠中央财政资金，这个压力是很大的。农民增产不增收的问题突出，这无疑影响了脱困目标的实现。近年，山东、河南、东北三省等地区的粮食连年丰收，但粮价一直低迷，玉米平均只有0.85元/斤，算下来，农民种地是赔钱的。可即使如此，也有价无市，多地出现农产品滞销问题，涉及主粮、蔬菜、瓜果、牛羊肉、奶类多种农产品。

农民生计问题是一个沉重的话题。中国毕竟是农民大国，农

民所占人口比例最高，没有农民的小康，哪有国家的小康？可是，现实又非常无奈，因为农民这一最大群体却是弱势群体。这一弱势群体缺乏保护，在城里务工，连工资都要不到，还要承受恶劣的工作环境和面临工伤的威胁；在农村种地，则完全暴露在农药化肥除草剂之下，没有任何防护措施，身体健康同样遭到损害，而且由于农产品价格低廉，种地甚至不如外出打工挣钱多。遇到天灾人祸减产，收入会大打折扣，即使粮食丰收，可收入也不会增加。这到底是为什么呢？

因为中国的农产品不但要与国内的市场竞争，还要与国际市场竞争，虽然近些年，政府也对种地农民进行补贴，但是这些补贴大多数进了包地大户的腰包，普通农民得到的有限。面对国际大粮商，一盘散沙的农民凭手里那几千斤粮食，根本没有议价能力。家庭联产承包责任制以前，人民公社保障农民的权利，但现在，根本没有一个机构和组织保障农民的权利。农民成了被盘剥的对象，在城里，受到包工头的盘剥，特别是每到春节，要不到工资的农民工纷纷以死相逼，跳楼、自杀的恶性事件频频发生，成了威胁社会安定的重大问题；在农村，国内的、国外的粮商，甚至农药、化肥厂商和各级农贩子，也都盘剥农民的血汗钱。

试想，农民连生计都成问题，自身都难保，怎么能保证我们的粮食安全和农业安全呢？当我们抱怨蔬菜里的农药超标，粮食里的重金属污染时，是否考虑过农民的付出和回报是如何得不成比例？农民不生产一克化肥，不生产一粒农药，我们怎么能把食物污染的账算到他们头上呢？如果无农药、无化肥的农产品价格能够让农民过上体面的生活，农民虽然文化水平低，但也绝不会干另花钱购买农药化肥的蠢事。

目前，800个种粮大县总共为国家贡献了70%以上的粮食，而其中竟有110多个是贫困县。如何让种地的农民得到合理的回报？如何将扶贫与产业结合起来？这是我们必须要面对的现实问题。这几年，中国经济下滑的趋势非常明显，已经成为新常态，会有大量的农民工返乡，没有了务工收入，只有靠种地脱贫这一条路子，怎么脱贫？持续三十年的大化肥高农药的农业生产方式已经证明无法持续下去了，而发展高效生态农业，是破解农村贫困、消除乡村环境污染、带动农民和农二代大学生就业等系统问题的主要解决方案。

粮价的持续下降与农产品滞销带来的冲击波已让农民遭受了实实在在的打击，突出表现在农民的收入急剧下降。如任其发展下去，将会导致中国严重的经济危机，对我国持续发展的经济基础造成重大创伤。我们试分析一下。

第一，曾托起中国经济半壁江山的中国1.3亿农民工，正面临失业狂潮。有关部门对10省市抽样调查表明，近年不少农民提前返乡"过年"。在长三角、珠三角等地，不断有制造企业倒闭的消息传来。"中国制造"企业"倒闭潮"袭来之日，就是农民工

"失业潮"到来之时，农民工得不到社会保障，外出打工是许多落后地区农民家庭收入的重要来源，经济不景气造成这一连续多年来支撑农民家庭的收入来源率先中断了。

第二，农民再次遭遇"卖粮难"，种地收入告急。面对农民工大量返乡现象，有专家建议，非农就业形势不好的时候，农业就会成为劳动力的"蓄水池"，这个时候加强"三农"工作，保证农业生产，是稳定经济、稳定农民收入的好办法。但是，残酷的现实是：农村出现了"卖粮难"，粮食增产不增"收"。农民米袋子鼓了，钱袋子却瘪了，农产品价格低迷使得农民种地更加赔钱。与此同时，各种农资价格上涨却依然如故。农民说，粮食价格是一毛一毛地涨，但化肥农药等生产资料却是一元一元地涨。可见，种地赔钱已经成了农民的魔咒。

第三，养殖业面临严冬。养殖业是农民家庭除打工外的主要收入来源，在一些地区，养殖可占农业收入的80%以上。近年来农村悄然兴起的秸秆畜牧业给生态农业带来了一线曙光，然而，这个新兴产业却遭遇了重大打击。"三鹿奶粉"事件后，牛奶卖不了好价钱，农民纷纷屠杀奶牛。后市场回暖，农民缓了一口气，可2014年到2015年间，由于经济下行，牛奶滞销，农民不得不把白花花的牛奶倒入沟渠。在肉牛养殖方面，因皮革工厂关闭带来的牛皮降价，肉牛价格暴跌。因养牛赔本，农民开始屠杀成年母牛和小母牛。那些屠宰企业在利益的驱动下，纷纷购进养牛户"淘汰"的母牛,而不买农民亟待出手的育肥牛,完全不考虑市场规律,表现得目光短浅,损人利己。除了卖牛难,许多地区还出现了卖鸡难、卖猪难的现象,农民养殖积极性大大受挫。再加上禽流感,猪蓝耳病等肆虐,养殖风险进一步加大,养殖业对增加农民收入的贡献已经到了尽头。

在美国金融危机冲击下,中国农民收入的"两头"(打工和种粮)和"中间"(养殖)环节纷纷出了问题,农民收入下降是不可避免的。下一步很可能会打击农民种地、养殖的积极性,大量失业农民可能因不满社会现实而成为不安定因素。如果让农民持续贫困,将不会有积极性为城市居民生产食物。食物短缺将会造成城市低收入家庭破产,从而诱发全面经济危机。尽管中央采取了各项补贴措施,鼓励农民购买工业消费品,但因农民收入下降,而孩子上学、看病以及婚丧嫁娶的费用不但不降,反而上升,农民兜里确实没有购买"奢侈品"的钞票,仅靠补贴刺激农民的购买力,杯水车薪。出口受阻,内销又无法刺激广大农村这一巨大市场,意味着将有更多的工厂关闭。总而言之,农民危机才是中国社会的真正危机,可惜的是很多人根本没有意识到这个问题。

不是救美国就是救中国,而是救农民才是救中国。农民是最大群体,农民都成了弱势群体,中国怎能不弱势?救中国,怎么能不救农民呢?

向食物链中的有害物质宣战

种蔬菜大棚的菜农告诉我，

他们生产的黄瓜需要用四种激素，还有一种拉直素，

连我这个学植物学的都没听说过。

当前，食物安全的最大威胁来自被污染的食物链。这个问题如果处理不好，将直接影响中华民族的生态系统健康和身体健康，并最终引发各种社会问题。

问题的严重程度

关于食物生产，我们付出的代价是沉重的，有人说我们用7%的耕地养活了20%的世界人口，但却忽略了如下一些事实——我们同时动用了世界35%的氮肥，3倍于全球平均值的农药用量，70%的国内工农业与生活用水。为了说明问题的严重性，我们再来看一组数据。早在2005年，我国抗生素原料生产量就达21万吨；人均0.16公斤；2015年，中国化肥施用总量为5900万吨，人

均41.5公斤；同年，农膜使用量217.3万吨，人均1.62公斤；2013年，农药总量337万吨，人均2.59公斤；2015年，中国进口8100万吨转基因大豆，由此带进来草甘膦810吨，草甘膦含量人均0.623克。

上述各种化学物质添加到食物生产的过程中，我们说这也许解放了部分劳动力，提高了生产效益，但有害物质却进入食物链，影响了我们的身体健康。以牺牲健康为代价换取所谓生产效益的提高，到底值不值？相信很多人心中会有答案。

2007年，中国潜在的心脏病患者6000万人；2008年，高血压患者2亿人，而且只有30%的人知道自己患有高血压；2010年，中国约有220万儿童出现性早熟；2011年9月9日，中国先天残疾儿童总数高达80万~120万；同年，中国育龄夫妇不孕不育发病比例达到12.5%，不孕不育患者已超过5000万；2012年，江苏省人民医院精子合格率大学生为30%，上班族合格率基本不超过20%；2013年，中国糖尿病患者人数达9700万，同年，全国每6分钟就有1人被确诊为癌症，每天有8550人成为癌症患者。显然，只用饮食结构不合理和缺乏锻炼来解释是难圆其说的。医学专家分析认为，80%的恶性疾病与环境恶化尤其食物链"毒化"有直接的关系。

食物链中有害物质知多少

今天，我们的食物链中到底有多少有害物质呢？答案触目惊心。仅以农药为例来说明，2014年农业部与国家卫计委联合发布食品安全国家标准《食品中农药最大残留限量》（GB2763-2014）中，农药最大残留限量指标就达3650项。按照国家的规定，只要这3650项农药符合使用要求，即达标，有3650项农药是允许使用的，这还不够触目惊心吗？我们不得不感叹中国人强大的身体抵抗力，居然能抵抗数千种农药！可是，如果结合上文的数据，我们会发现，国民的身体早已到了崩溃的边缘。

不仅仅如此，达标使用的就数千种，至于是否达标，消费者就毫无发言权了，只好寄希望于"在最严格的监管、最严厉的处罚、最严肃的问责，确保人民群众'舌尖上的安全'"了。天知道那些生产者是否摸着良心使用这些农药？天知道监管者采取什么样的措施监管海量的农药？消费者又怎样区分他们认为有问题的食物呢？

农药在食物中分布，涉及284种(类)食品，覆盖了蔬菜、水果、谷物、油料和油脂、糖料、饮料类、调味料、坚果、食用菌、哺乳动物肉类、蛋类、禽内脏和肉类等12大类作物或产品，还有果汁、果脯、干制水果等初级加工产品，也就是说，只要能入口的，都会沾染农药。在日常消费中，个别产品农药含量达标是一回事，把刚刚达标的数种食物吃进肚又是另一回事。

为防治各种病虫害对农作物生长的侵害，我国的不同地区，在不同农作物生产中经常使用的农药品种为387种，农药制定的最大残留限量标准，基本覆盖了常用农药品种。这就是说，我们吃的食物，无一不是施用了农药。在广大农村，很多农民年过50岁即患癌症，由于无法承担昂贵的医疗费，为了自保，留给自己吃的庄稼蔬菜基本不用农药化肥。虽然损失了部分产量，但相比缩短寿命和花钱治病，农民认为"合算"得多。

除了农药，我们的食物链中还存在激素物质。当年植物生理学的研究成果5大激素：生长素、细胞分裂素、赤霉素、脱落酸和乙烯，全部用到了农业生产过程中。我们看到水果越来越大，越来越光鲜，这都是激素的功劳；我们看到黄瓜越来越直，还顶花带刺，这也是激素的功劳。种蔬菜大棚的菜农告诉我，他们生产的黄瓜需要用4种激素，还有一种拉直素，连我这个学植物学的都没听说过。

动物类食品中激素我们已经反复说过了，家禽家畜，水产鱼蟹，无一幸免。需要指出的是，由于激素主要存在于血液中，所以肉类中的激素含量更高，尤其是动物内脏。含激素的肉类食品对人体的危害是显而易见的，最直接的受害者就是孩子。激素能让动物早熟，也能让孩子早熟。催长激素可导致儿童性早熟，骨骼提前停止生长等。而且部分种类的激素含有剧毒，进行极高比例的稀释后使用，仍能通过食物链进入人体，导致累积中毒。

虽然国家明令禁止使用很多生长激素，如瘦肉精等，但仍然有很多人偷偷使用，它们换名"小料"，在地下交易。由于生产销售激素的利润非常巨大，堪比毒品，这让很多不法之徒趋之如鹜，疯狂贩卖。再者，相对国外严格的激素、抗生素类药物检测，国内对激素的强制检测工作从来就非常薄弱，对一些抗生素药物的检测也常常落空，导致食品生产过程中激素滥用现象盛行。对于激素的非法生产和使用，我们必须像打击毒品那样重拳打击，否则，国民的身体素质也会像吸食毒品那样早晚垮掉。

除了激素之外，还有抗生素，在人们的食物链中，其发挥的"作用"可以说无可替代。往饲料中添加抗生素既防病又增产，因此抗生素是一种常规饲料添加剂。在农民眼里，有病治病，无病防病，能使猪、牛、羊生长健壮，会带来明显的经济效益，不可能不使用抗生素。牛体内抗生素含量过多，人们喝牛奶，吃牛肉，抗生素就会通过食物进入人体。假如牛体内含有青霉素，喝牛奶的儿童体内就会产生青霉素耐药性，也就是说虽然从没使用过青霉素，但生病后也不能用青霉素治疗，而只能选择更"先进"的抗生素，而过量使用抗生素的严重后果我们也多次强调过。

最后，化肥的大量使用会造成硝酸盐残留，会进一步还原为亚硝酸盐，成为强致癌物质；农膜使用是一边生产食物，一边生产致癌物（农膜低于800℃焚烧会产生二噁英等强致癌物）；更有争议很大的转基因，是在化学农业基础上，继续鼓励农民使用农药和化肥。让劳动力越多地从食物生产中分离，消费者面临的安全风险就越大，可笑的是，我们的农业专家们却认为这是农业生产的进步。如果说现代化农业是少劳动力的农业，那么也同时是农药、激素、转基因等生物化学农业，是危害人们生命健康的毒农业。连健康、安全的食物链都不能维系的所谓现代农业，怎么会让很多人推崇呢？原因是什么？三四十年前的中国农村，当前世界上少数无农药化肥的农业区，如高加索地区，连癌症的名子都很少听说，难道这种农业生产模式就落后吗？

净化食物链必须从源头抓起

是谁朝我们的食物链中投了那么多有害物质？是农民吗？显然不是，有害物质全是化学产物，农民肯定没有这个技术。那么是科学家？也不尽然。答案是资本。资本的特点就是逐利，为了让动植物长得更快，就添加各类激素，为了提高所谓的产量就大量使用化肥和农药，为了让食物品相更好，就使用各种添加剂，资本在每一个环节上都能获得收益，而受害的却是大多数人。一条食物链实际上就是一条产业链，各种利益相关者都从这个链条上获益，如石油开采、冶炼、化工、化肥、农药、农膜、除草剂、添加剂的生产商；各流通贸易商、经营商，各种制药厂、兽药厂；医院，火葬场，墓地；各个环节上的金融资本家、科学家利益群体及其媒体代言人等。在这条食物链的相关利益链条上，农民付出的最多，得到的最少，无论是从经济规律还是物理学中的能量守恒定律以及任何社会定律分析，农民都不会在这条链条上获得主导权，也就不可能在食物安全方面做出太多贡献。原本在食物生产环节上，农民是最有发言权的，可是资本剥夺了他们的发言权，也就剥夺了食物的安全。

食物安全与投入到食物生产上的人工成正比，而与投入的化学物质与激素成反比。中国是全球最大的食物生产与消费大国，食物种类与烹调方法全球最多，如果净化了食物链，去除那些有害物质，将一些添加剂减到最低限度，那么国民健康和平均寿命还会有很大的提升空间。如果做到这点，就必须通过合理的途径，让农民获得收益，让农民获得尊严，让农业的生态环境回归到纯净无污染的状态，农业生产，离大自然越远，离资本越近，就越不安全，失去了安全，所谓的各种农业技术只能带来负面价值。

什么是全面小康？什么是民族复兴？什么是走到世界最前沿？除了科学技术、军事国防高度发达外，人民的生活水平必须达到一定的高度，这个高度，不是吃不到一口没有农残的食品，呼吸不到一口没有污染的空气就发达了，不是把农民武断地变成市民就发达了，人民的福利得不到保障，身份的改变毫无意义。发达国家的路子，我们为什么一定要走？走适合国情的道路，就不能成为发达国家吗？

　　什么叫可持续发展？起码的一个要求是，必须有一半以上的人口吃得上有机食品（当前不足1%），把身体中的有害化学物质赶出去，才能保证人口的健康繁衍，才能做到可持续发展。只看工业数据，只看经济指标，是看不到我们的生存危机的。中国大部分人口生活在乡村，那就让他们生活在乡村，这有什么不好呢？当然，我们要让乡村人口富足，获得城市居民的生活福利，这不是做不到，而是不想做。50%的人口生活在城市化了的乡村中。他们从事的是有机食品生产、加工、销售、服务的涉农产业。他们吃的是有机食品，住的是别墅或准别墅接地气的房子；呼吸的是清洁的空气；喝的是没有污染的水；他们的生活环境鸟语花香；他们愉快地劳作，人们之间有分工但不竞争，有合作但不吃大锅饭；他们之间有亲情更有人情；他们的一生大部分时间都远离医院，活到百岁自然老去；他们是快乐的人群；他们的职业是稳定的；他们不受市场的剥削，有自己的定价权。在当前城镇化热潮中，我们需要反思，我们需要逆城市化，我们要将城市中合理的要素(市政设施、医疗设施、卫生设施、娱乐设施、学校、银行、暖气、空调)搬到农村，而不是将农村人口装进城市。这样，中央与社会的大量资金需要向农村流动，而不是让农民砸锅卖铁甚至卖血，进城当三等公民，中国社会也从此永远告别不人道的"三留守"现象(留守妇女、留守儿童和留守老人)。

　　净化食物链，将传统农业提升为健康和谐可持续的农业，提高农民收入，就会减少市民的医疗投入，这实际上是一种高效农业。这种高效生态农业是从光合作用开始的，到消费者健康的血液流动而止，至少包括了5方面"物"的流动：一是大田作物叶绿体类囊体膜上电子流，作物首先将太阳能转变为一切生物能够直接利用的能量，这个生产过程是在健康的生态环境中进行的；二是各类食物、中药材、宠物、花卉、苗木等在物联网上的流动、车轮转动将上述农资运送到消费者手中；三是消费者体内健康的血液流动，血液里运输的，是为健康身体长寿远离疾病的好能量、好元素；四是由上到下的货币流，健康有机食品和中药材等的增值部分，从购买者那里往下游传递，带动大学生尤其是农民就业，增值部分的30%以上归农民；五是互联网上的信息流，这个流动非常迅速。通过云计算，我们能够知道哪里有需求，哪里有库存，哪里的有机农业是真实的，哪里出了问题，需要公示给予监管、惩戒，最终进行系统修复与平衡。

中国的生存基础在农村，中国的发展在农村，中国的未来也在农村，而这么多年来，我们仅仅盯着城市，盯着工业，做世界加工厂，污染了环境，牺牲了一代人的健康，积累的巨额财富又被转到了发达国家。一方面发达国家消费过盛，另一方面我们自己消费不足，从而造成经济危机，工业衰退，经济衰退，工人失业，社会不安定因素增加。不但中国，放眼全球，建立在矿产资源基础上的工业化仅仅进行了几百年就走不下去了，生态及社会危机频发，而所谓落后的农业经济，却在中国延续了数千年。我们只讲文明的发达，不讲文明的成功，但无论怎么讲，一个没有未来的文明方式肯定不是人类想要的。以高度发达的农业生态文明为主导的文明方式，只有在中国才能确立，因为只有中国才具备这个天然优势，这是全球人类的未来。可是今天，我们却疯狂地削弱我们的优势，学西方，走向了能源枯竭即毁灭的不归路。

至于有人担心的发展生态农业，产量会降低，养不活中国庞大的人口的问题。我们来算一笔账。我们目前生产的6亿吨粮食，人仅吃了2亿吨，有4亿吨是作为饲料和部分原料被动物和工业消耗掉的。如果分类生产人的口粮与动物的饲料粮，将需要更多的人工维护我们健康的食物链。中国数千年的农业文明实践和几十年来的化学农业试错证明，发展健康的农业，必须边用地边养地，必须精耕细作，必须使用有机肥，必须恢复生态平衡，而这一切离开充足的劳动力根本无法实现。生态农业的产量问题，我们经过了10年的一线实验，已经将低产田改造成了高产稳产田，玉米和小麦的周年产量2500斤/亩，继续增强地力，产量实现3000斤/亩也是可能的。这样的土地产量，一亩地可以满足6口人的粮食需求，2亿多亩耕地即可满足13亿人的口粮需要。中国有18亿亩耕地，除了2亿亩高产田，蔬菜用地1亿亩足够，而其余的15亿亩，加上60亿亩草原，20亿亩的森林，10亿亩的湿地，300万平方千米的海洋，这么巨大的耕地和其他资源储备，农牧渔产品难道还不够养，不够吃？动物的食性与人类完全不同，不需要吃那么多粮食。我们何必违背农业规律，违背自然规律，急功近利，被资本绑架，走高污染，低收益，多数人受害，少数人得利的傻路呢？

有机农田的固碳作用

中国有18亿亩耕地，平均容重1.2吨/立方米，

若将土壤有机质含量提高1%的话，

就相当于以空气中净吸收306亿吨CO_2

由温室气体升高引起的全球变暖已成为不争的事实，世界各国都认为有效地减少以CO_2为主的温室气体排放是减缓全球变暖的重要手段。如何减少？我们先来看一下温室气体是如何产生的。全球与农业有关的化工与能源企业、转基因作物、工业化农场与养殖场产生了全球的35%的温室气体，主要由工业化农业驱动的森林砍伐产生了另外的20%，合计为55%。现代化农业造成农业土壤中原先封存的碳的25%~70%（数万亿吨）释放到大气中。

在CO_2排放方面，中国是仅次于美国的世界第二大排放国，并将很快取代美国成为第一大排放国。当前人们普遍采用的减排措施是，在技术上提高能源利用效率，减少碳"源"；人工造林等增加生物碳"汇"；促进元素循环以"减汇增源"，并把大部

分碳"埋葬"在地下。但在具体实践上，前两者代价昂贵，而且见效慢，也不能从根本上改变温室效应的全球趋势，而后者，即在元素循环过程中增加土壤碳汇则是个好出路。

但是当前，我国农村普遍燃烧秸秆和过量使用化肥，导致了大量生物质能源的浪费，还削弱了农业生态系统的固碳作用。为了测量农田生态系统的固碳能力以及相关粮食产量，我们实验了将玉米秸秆粉碎后饲养肉牛，然后将牛粪腐熟后施入冬小麦–夏玉米轮作农田中，并设计了4种不同的有机肥和无机肥配施比例：100%有机肥、100%化肥、75%有机肥+25%化肥以及50%有机肥+50%化肥。根据政府间气候变化专门委员会(IPCC) 2006年的方法，计算了温室气体排放量。结果表明，用有机肥替代化肥可显著减少温带农田温室气体排放量，其固碳能力达8.8吨/公顷·年。与此同时，施用有机肥还增加了土壤肥力，进而提高了小麦和玉米产量。有机肥全部替代化肥后，农田变为典型的碳库；而全部施用化肥，农田则为典型的碳排放源。

地球上的碳以海洋中最多，达34.5万亿吨；陆地(植物、动物、湿地、土壤)次之，约24万亿吨，大气中最少，约0.7万亿吨。在人类剧烈活动的陆地表面上，土壤是地球重要的碳库。全球土壤碳库为1.4万亿~2.2万亿吨，是大气碳库的2~3倍。从理论上讲，大气中的碳全部埋在土壤里也没问题。但是，土壤碳库的作用是双重的，这完全取决于人类对土地的利用方式，如将高有机碳含量的森林与草原土壤开垦为农田，以及在农田耕作中仅施加化肥忽视有机肥，这都会将土壤碳库由"汇"变成"源"。相反，如果改为生态农业生产方式，就可以使土壤有机碳维持在较高的水平。除生物措施外，解决碳的去向问题，出路也应在地下，这个地下不是各种矿坑，而是地表土壤，包括成熟的森林、草原、沼泽、高寒草甸，甚至农田土壤。

土壤碳库主要储存有机碳，它们来自动植物、微生物残体、排泄物、分泌物等，上述成分分解后以土壤腐殖质形式存在，相对稳定。遗憾的是，世界上许多国家长期以来由于只用地不养地，土壤有机质下降严重。世界三大黑土区之一的中国黑土区，土壤的退化使其固定的碳向环境净释放。中国黑土地总面积3523万公顷，分布在黑龙江、吉林、辽宁省和内蒙古自治区境内。黑土地解决了中国10%以上人口的吃饭问题，然而其代价也是沉重的。中国科学院和黑龙江省有关科研机构研究数据表明，东北地区坡耕地黑土层厚度已从六七十年前的80~100厘米减少到现在的20~30厘米，土壤有机质含量由12%下降到1%~2%，85%的黑土地处于养分亏缺状态。黑龙江省黑土层流失厚度每年达到0.6~1厘米，按吉林省30厘米以下薄层黑土面积已占黑土总面积的42%。

中国有18亿亩耕地，按平均容重1.2吨/立方米，若将土壤有机质含量提高1%的话，就相当于从空气中净吸收306亿吨CO_2。即使我们利用30年的时间来完成这个增长过程，每年也约有10亿吨的CO_2被固定在土壤里中。目前中国经济活动排放的净CO_2约为70亿吨，至2015年将超过100亿吨。从上面的分析可以看出，依靠土壤捕获碳的排放，前景是广阔的，且技术上也相对容易操作。

中国农田土壤经过数千年的耕作，有机碳严重偏低，与同类型土壤进行对比，我国耕地土壤有机碳含量尚不及欧洲的一半，因此可提升的潜力很大。从目前中国耕地有机质含量来看，水田土壤大多在1%~3%，而旱地土壤中有31.2%小于1%。尽管有人乐观地估计，中国近20年来，有53%~59%农田的土壤有机碳含量呈增长趋势，30%~31%呈下降趋势，10%基本持平，中国耕地有机碳贮量总体增加了3.11亿~4.01亿吨，但我们依然认为中国土壤碳库的潜力远远没有发挥出来。

那么通过什么方法让土壤固定大气中的碳呢？我们提出的思路是，在人类收获粮食的同时，快速将秸秆收集、处理并储藏起来，为食草动物储备"粮食"；将动物粪便中的能量通过沼气池，提取出来供应农民的生活需要，减少农民与工业和城市争夺化石能源的量；沼渣、沼液中作为优质肥料还田，替代全国至少一半的化肥以减少温室气体排放。这些措施都可以逐步增加土壤有机质。

要增加土壤有机碳含量，将耕地变"黑"，而不是像现在这样覆盖农膜让耕地变"白"，这种方式不仅可以固碳减排，还可改良土壤结构，增加土壤保水保肥能力，增强土壤抗蚀抗旱性能，提高作物产量，改善作物品质。大量试验表明：每增加0.1个百分点的土壤有机质含量就可释放600~800公斤/公顷的粮食生产潜力。因此，培育土壤碳库既可以节约能源，又减少污染，还培肥土壤，一举多得。

只有改变当前大农药大化肥式的农业生产模式，才能实现耕地固碳的目的。我们建议：一要大力发展秸秆畜牧业，增加有机肥，开辟乡村新能源，减少化肥使用并固碳；二要通过市场消费将农产品在价格上拉开，将中国耕地的5%~10%培育成告别化肥、农药、添加剂、除草剂的永久固碳型有机农业，在这类土地上生产安全放心的粮食、肉、蛋、奶和蔬菜，增加的价格靠城市市民的自觉消费，来为农民增收和土壤固碳"埋单"；三是利用农业有机弃废物还田，并辅以免耕等保护性耕作技术，减轻土壤有机质分解，促进土壤有机质增加；四是利用充分挖掘传统农业文化，大力发展"稻鸭互作""稻鱼互作""禽粮互作"型生态农业；五是在政策上鼓励耕地固碳，全球碳贸易应当考虑农田固碳贡献。

以人力为基础的农业模式
是中国未来经济的增长希望

如果有机粮食的价格提高，

农村中的青壮劳动力就能回村种地，国民也能吃上安全的粮食。

我们一直强调，中国的未来在农村。

我们的科研团队搞的高效生态农业是不用化肥、农药、农膜、除草剂、激素和转基因的，产品质量标准经测试，优于欧盟有机标准模式，我们是怎么做到的呢？

其核心是农民的积极参与，人力的投入替代了大量化学物质和部分机械能的投入。

我们以小麦和玉米为例，算一下生态农业的种植成本（单位：亩）：种子90元（小麦和玉米两季，下同）；耕和耙地100元(柴油和机械使用30元，人工为70元)；收割160元（柴油和机械40元，人工120元）；灌溉200元(电费和机械50元，人工150元）；锄草240元(3遍)；太阳能防虫（折旧费）26元；有机肥购买200元；运输和施肥50元(柴油与机械10元，人工40元)；总计1060元。

在上述成本中，种子、机械、有机肥等为446元，占总成本的42%。如果农民自己搞生态养殖并积累、生产有机肥，这个成本只占总成本的21%。

在这种高效生态模式中，让当前化学农业最头疼的虫害、杂草与病害问题不见了，防虫害的人力和物质成本大大下降，仅占总成本的2.4%。

与此同时，人力成本大大增加，但是，我们必须清楚，这些人力是生物力，对环境没有任何破坏作用。然而，人力成本的价值并没有在农业种植中获得体现，这也是当前农民放弃生态种植的重要原因。

如果是按照常规价格收购农民的粮食，平均亩产量按照小麦和玉米各800斤来计算，则农民实际的收入为1760元，扣除成本后收入为700元。

如果采用化学农业模式，200元的有机肥成本被150元化肥、10元农药、7.4元除草剂等化学物质成本替代，投入减少了32.6元，同时人工施肥和除草成本减少290元。这两大项成本减少了322.6元。这样农民的种植总收入可增加到1022.6元。但代价却是农业生态环境遭受了巨大破坏，大量的农药化肥吃进了消费者体内，其为环境，为人们的健康带来的负面影响是多少个一千元都换不回来的。因此，我们必须老调重弹地说一句，食物不安全的责任不在农民身上，或者说大部分责任不在农民身上，因为农民也是受害者，为了生存，他们不得不这么做。他们选择的显然是一种悲哀的、饮鸩止渴的生存方式。

为了生存，农民中的青壮年劳动力还得外出打工，否则就无法负担巨大的生活、教育和医疗成本，而60岁以上的老人和妇女因为没文化、没技能，甚至少力气，不得不留在农村种地。当我们赞叹农药化肥"解放"了农村亿万"剩余"劳动力，繁荣了外向型国民经济的同时，却不得不承受巨大的生态环境灾难，当然也包括食物的不安全。

虽然政府意识到食物安全问题的存在，并采取了一些措施，但头痛医头脚痛医脚的方式却无法从根本上解决问题。通过上述论证，我们找到了农民放弃生态农业，选择污染型的化学农业的原因。不从源头入手，即使政府颁布了禁用农药名录并大力打击，但仍然毫不见效。农民为了买剧毒农药，还得找熟人托关系。农药贩子们怕政府查缴，白天不卖，而改在晚上卖。

农药、化肥、除草剂，便宜而高效，农民为了多挣可怜的几百元活命钱不得不买。这种剜却心头肉，医得眼前疮的做法，让人感到沉重而悲哀。我们，特别那些农业政策制定者以及相关研究者，根本不知道农民在干什么，靠什么生活。国家每年的农业投入一直在快速增长，可是却没有效果，甚至适得其反。因为我们的农业补贴都给了养殖场、种植大户和所谓的农业高新科技产业，到了农药、化肥、除草剂生产厂家和销售商那里。这些化学农业材料变得越来越便宜，农民的"负担"小了，能不买更毒的农药吗？政府农业补贴都补贴给了农业污染，越补贴越污染。岂非咄咄怪事？

如果有机粮食的价格提高，农村中的青壮劳动力就能回村种地，国民也能吃上安全的粮食。我们一直强调，中国的未来在农村。农村的经济前景广阔，而且也不会存在周期性经济危机造成的失业问题。事实也证明，经济危机后的政府大规模经济刺激不会再起作用了，而且其危害也是国民经济不可承受的。有人说，不能让农民发财，不能提高粮食价格，而且，城市居民的生活成本会进一步增高。这个观点让人无奈。首先，农民是中国的最大群体，这个群体不富裕，中国不可能成为强国，民族复兴就无从谈起。其次，提高农产品价格，农民不可能奇货可居，因为人人会种地，这不是少数人发财，只能共同富裕，这不正是我们党和政府的使命吗？再次，农产品价格提高不会像房价那样坐上火箭。只要让农民种地获得的收入跟外出打工差不多，他们就愿意回老家种地。这么一算，城市居民不可能负担不起。再说，当前城市居民食物支出的大部分没到农民的手里，缩短流通环节，降低流通成本，让农民更多地受惠，也能让市民受惠。

"低投入，高产出"后，环境问题解决了，可生态农业的这个巨大价值一直被忽略。植树造林、防治沙尘暴，还有现在的雾霾治理，政府已经花费了和正在花费天文数字的财富。为了应对温室气体，中国更是遭受了西方国家的种种责难，面临着减缓经济增长的巨大压力，甚至出现了政府为完成减排指标而拉闸限电，而工矿企业自发电的现象。这种掩耳盗铃的减排举措连标都治不了，如何治本？中国的革命走的是农村包围城市的道路，中国的经济发展也必须走农村包围城市的道路。生态农业不但为城市提供了健康安全的食物、饮用水和空气，还能把城市工业、汽车尾气带来的碳排放固定在土壤里。如果政府鼓励生态或有机农业，在建立的生态农业示范区内，将用于化肥、农药、除草剂、地膜的补贴和用于农田环境治理的经费、用于水污染治理的部分经费、用于雾霾治理的部分经费、用于禁止秸秆焚烧的监管经费等等，投入从事有机农业的企业或农民合作社那里，带动更多农二代和大学生就业，不但中国人吃得饱、吃得好的问题也解决了，中国更会找到不同于西方的那种大工业、高污染，先发展经济，后治理环境的老路子。况且，西方发达国家所谓的环境治理，是把高能耗、高污染的工业转到了中国等发展中国家，还用他们制定的所谓国际规则逼迫中国减缓经济发展，这种得了便宜还卖乖的办法中国学不了，也没机会学了。

中国巨大的人力资源优势和领先世界千年的农业生态模式是中国的巨大宝藏，可我们却丢了西瓜捡芝麻，盲目学西方，仅仅三十多年，就走到了13亿人民连一口健康的空气都呼吸不到的歧路上。这些确实是值得我们反思的。

第三讲

临渴掘井——别再伤害生命之源

· · · ·

"跑马圈水"的水电开发

人们越来越看到无序开发水电带来的问题，

越来越看到，江河除了我们人类以外，还有其他生灵；

越来越看到地质灾害频发的峡谷开发必须要慎重，慎重，再慎重。

可有可无的水电环评

由于全世界的企业扎堆中国，需要大量的电力，又由于中国经济的迅速发展，人们生活水平提高了，开始要过英美人那样的日子，衣食住行，无时无刻不需要电力，城市早就成了不夜城，在广大农村，农民们也已告别了秸秆烧火做饭的时代，电饭锅、电磁炉已进入寻常百姓家，空调、冰箱、洗衣机也不再是稀罕物。因此，中国发多少电都不够用。

其实，中国钢铁、电力、煤炭、焦炭等行业都存在严重的产能过剩，而目前的国民生产总值增长又主要靠这些行业拉动。我们现在的经济格局是利用明天的产能，来消化今天的过剩产能。中国西南山区水电开发"发烧不止"，其理由依然是：中国缺少电力。

2009年，四万亿经济刺激计划实施后，四川、云南等地，已规划或正在规划的水电项目，施工进度明显提速，甚至有些水电项目尚没通过国家工程环境影响评价(简称环评)，或根本就没进行环评，也开始动工了。在水电站工地，施工车辆来回穿梭，尘土飞扬。有些匆忙开工的水电项目不但没有通过环评，就连基本的施工防护措施都没有，也没有监理部门介入。尽管水电部门对外界声称施工是为项目前期论证做准备的，但工人们干的却是修建施工公路、建引水洞以及坝肩等实质性水电工程。由于没有采取防范措施，工程渣土直排金沙江，造成干热河谷生态系统破坏。更为严重的是，水电站调洪水库是建在程海冰川断裂带上，所在的位置为脆弱山体，地质构造差，易发生山体滑坡或泥石流，并有地震隐患。

最早引起关注的虎跳峡水电站，有关方面曾放弃过"一库八级"计划，可几年后，该工程又在新经济形势下上马了。为回避公众质疑，他们将"虎跳峡水电站"更名为"龙盘水电站"，工程内容换汤不换药。我们前去调查时，他们正在进行勘探洞、"三通一平"(通电、通路、通水和平整土地)工程建设。如果库区坝址选在龙盘，将迫使金沙江上游10万人移民，造成20万亩耕地淹没。这个静态投资400亿元的大型水电工程，对中央制定的18亿亩耕地红线造成了直接冲击。该水电工程环境影响是如何评价的，似乎没有人关心。

　　水电开发中处在弱势位置的是土壤、植被和河流等自然资源，以及世世代代生活于此的少数民族同胞。虽然当地居民愿意为了国家建设牺牲个人利益，但是，他们唯一的要求是能够生存下去。然而，大型水电工程将会改变他们的命运。在云南省丽江市石鼓镇(红军长征路上的重要渡口)、香格里拉县车轴村，从纳西族农民的住房和实际生活水平看，他们已提前达到小康水平，然而，水电开发不但不会使他们的生活水平更上一层楼，还可能导致他们重返贫困。我们与农民直接交流后得知，他们当中大部分人表示不愿意搬迁。既然是利国利民的项目，为什么不经过公开环评呢?

　　水电能源开发要付出重大的环境与社会代价，"河流改湖"后会淹没大量耕地，并破坏自然生态系统；施工中大量泥沙物质会直排江中，对下游水利工程产生危害；"移民后靠"会加重人地矛盾，建坝和拆坝均会对局环境和上下游环境造成危害；淹没的天然植被、农田、土壤等将会向环境中释放更多的温室气体(甲烷)，因此，即使不考虑世界遗产、文化、景观等软的要素，水电开发造成的环境破坏也会让"水电是清洁能源"的说法大打折扣。但是，目前的形势非常严峻，在西南几省，一切都要为水电让路。在这种形势下，环评就成了最为边缘化的摆设，地方政府和业主是将环评作为水电开发的必然成本对待的；在他们心中，水电环评只是工程的一部分，走过场而已。他们很清楚：尚没有哪一个水电工程因环评下马。

鱼儿要为水电让道

水电在我国的确占有很重要的地位。众所周知，西南地区集中了中国75%的水能资源，因此，中国水电开发大军们集结于这些地区，形成了"跑马圈水""遍地开花"和干支流"齐头并进"的现象。西南地区也是我国生物多样性最丰富、生态保护压力最大、地质灾害最为频繁的地区。可是，由于对水能变"油"的认知，使中国的江河越来越多地被开发，被截流。河流也从此不再是河流，旱时河里没有了水，鱼没有了家；涝时则洪水泛滥，直接威胁下游人民群众生命财产安全。

面对水电的无序开发，上至国家总理，环境保护部，下到沿江的百姓、官员、学者、媒体和民间环保组织，都发出了不同的声音。人们越来越看到无序开发水电带来的问题，越来越看到，江河除了我们人类以外，还有其他生灵；越来越看到地质灾害频发的峡谷水电开发必须要慎重，慎重，再慎重；也越来越看到，没有信息公开和环境影响评价的工程给大自然，给移民兄弟，给社会带来的困扰。

2004年，中国科学院及部分高校进行的怒江水电环评研究结果表明：怒江梯级开发将造成天然河流渠道化、水库化，最终影响到这里的生物多样性和世界遗产保护。怒江生物多样性极为丰富，有48种鱼类，其中4种是怒江特有的珍稀濒危鱼类，裂腹鱼等更是世界级的珍稀鱼类；怒江是三江并流的世界自然遗产地。这里山高谷深，耕地资源极端匮乏，一旦筑坝，数万移民的出路和起码的生活保障令人担忧；怒江州少数民族人口占总人口的92％，多种宗教和谐共处，形成了独特而丰富的民族文化，一旦大规模搬迁，文化多样性的损失将在所难免；同时，由于这里属于地震、滑坡和泥石流多发地带，众多高坝的建设也必然引发对建坝的安全性和经济合理性的疑虑。

但这样的研究结果受到了水电追捧者的冷嘲热讽，他们认为保护几条鱼而停止水电建设得不偿失。在云南省的压力下，昆明来的植物专家都转了方向，他们也认为，十三级怒江大坝不会影响濒危植物野生稻的生存，可在怒江搞水电开发。这个争议一直搁置到今天，有人认为是"反坝"专家和媒体记者影响了水电开发，是对怒江人犯罪。至于那些鱼，他们的解释是，在水电规划中已经考虑了生物多样性保护的要求，水库大坝高程不超过1950米，因此水电建设本身对森林生态系统和珍稀陆生动植物的影响很小，不会导致物种灭绝；同时规划河段内无长距离洄游鱼类，水电开发不会阻断鱼类的生命周期循环，不会导致怒江鱼类的灭绝。

上述轻描淡写的承诺，能否经得起实践的检验？我们拭目以待。鱼类不是人类，它们沿着固定的线路洄游，会按照人们设计的"管道"洄游吗？况且，鱼类再有本事，也跳不上百米的水坝。三峡大坝修建后，长江白鱀豚已"功能性"灭绝（就是该物种已经消失，早已为该类水电开发模式敲响了警钟）。

河流，大地自我净化的血管

地球上的河流，

正如人类的血管，当血管出现问题的时候，

人类就离各种疾病和死亡不远了。

在经济发展高压下，中国境内的河流生态遭受重大破坏，河里的沙子被深挖盗卖，城市周围的河流陆续被"截弯取直"，自然河岸甚至河底也被水泥覆盖。从前欢唱的河流如今一片死寂，变成了一条条"排污沟"。河流破坏导致的后果不仅仅是生物多样性的丧失，更重要的是，河流湿地的自净能力严重下降了。

中国流域面积在100平方千米以上的河流有50000多条，1000平方千米以上的约1500条，绝大多数分布在东部气候湿润多雨的季风区，也是中国经济发展最热的地区，这一地理格局注定了河流面临着严重的经济发展冲击。占全国河流58.2％，流入太平洋的河流所遭受的污染已不堪重负；占流域面积6.4％，流入印度洋的西南峡谷河流，如澜沧江、怒江、雅鲁藏布江等，正面临着水电开发带来的巨大破坏。

　　自然河流其实是良好的污水处理厂，河流生态改变后，环境自净能力也将消失。人类自行修建污水处理厂的原理也来自天然河流、湖泊和湿地的净化原理。据粗略估计，河宽50米、沙滩宽1公里、长约10公里的健康天然河流，其具备的水净化能力相当于投资5000万元人民币建设的污水处理厂。河流对于有机污染物以及氮、磷等化学污染物的净化功能尤其突出，而这些污染物恰好是造成滇池、太湖等内陆湖泊蓝藻爆发，以及近海赤潮大发生的元凶。

　　河流是怎样实现其对污染物的净化作用以及人工干预会怎样造成河流湿地净化功能丧失的呢？

　　第一，奔腾的河流能增加空气中的氧气。弯曲、起伏、自然状况的河流，尤其激流，会使河水处于剧烈运动状态，这个作用相当于污水处理厂的曝气过程；即使那些相对平缓的河段，也会因河床下沙子、鹅卵石的存在而呈现一些波纹，再加上风的作用，河水与空气也会发生自然气体交换，将空气中的氧气溶于水体，以供水生生物生长。如将急流变平湖，或者将河流取直，或者挖沙以增加河深，则水流会变得平缓，河流的聚氧功能就大大减弱。

　　第二，河流中微生物和动物群落的净化功能。微生物是对污染物起吸收与降解作用的主要生物群体。甲烷菌能将碳酸盐转变成甲烷，真菌通过与水生植物根表结合后形成菌根吸收养分。

　　除此之外，微生物还给水生动物提供食物，将捕获溶解的成分分解，并与其他动物、植物共生体利用。河流中的一些底栖动物也具有利用和降解污染物的功能。

　　第三，水生植物的作用。植物根系直接从水体中吸收养分与元素，并对悬浮颗粒产生过滤与吸附作用。一公顷芦苇每年能吸收200~2500千克纯氮，30~50千克纯磷。藻类在生长过程中，将营养元素贮藏和转移在体内，对河流净化同样起着举足轻重的作用。植物还为微生物活动提供巨大的物理表面，菖蒲、芦苇、灯草等根系分泌物还能杀死污水中的大肠杆菌和病原菌。

　　第四，沙子和底泥的净化作用。底泥和沙子是河流湿地的基质与载体，其去污过程来自离子交换、专性与非专性吸附、螯合作用、沉降反应等，污染物最终被吸附或沉降下来，要么变成动植物的养分，要么变得无害。沙子和底泥还支撑动物与微生物的生命过程，植物更需要借助它们而扎根。元素与污染物在弯曲而长距离河水流动过程中也会发生降解、沉淀、固结、挥发等，从而降低污染物浓度，使污水得以净化。

　　第五，两岸天然植被隔离农田，保障河流生态功能。在自然河流两岸，还存在着大量的天然植被，包括乔木、灌木和草本植物。一方面，这些植被可将河流搬运来的元素和污染物作为养分充分利用，强化了河流净化能力；另一方面，来自河流两岸人类活动排放的污染物，如农业施肥等释放的氮磷等元素被两岸植被吸收，减少了向河流排放。因此，河岸植被是河流的天然保护屏障。

水电工程的建设，阻断了自然河流与湖沼等湿地之间的天然联系。新中国建立以来，仅长江流域就修建了近46000座水坝，7000多座涵闸。由于缺乏合理规划和预防措施，中下游大部分湖泊已与江河隔断，形成"孤湖"。江中的鱼、蟹、鳗种苗不能进入湖泊，湖区的鱼不能溯江产卵繁殖，水产资源大大下降。水电开发造成的潜在生态破坏根本无法估量。

中国境内的河流本身就是非常优良的湿地处理系统，天然河道与与之相连的湖泊有重要的防治洪灾功能。自古以来，人类排泄的废弃物在进入海洋之前，就是通过河流以及湖泊湿地得以自然净化的。如今，河流净化功能迅速消失，人类需花费大量金钱建造污水处理厂。地球上的河流，正如人类的血管，当血管出现问题的时候，人类就离各种疾病和死亡不远了。中国河流类型多、数量大、分布广、区域差异显著、生物多样性丰富，河流湿地在生物多样性保护、净化水污染、生活饮水保障以及航运等方面发挥着巨大的用。恢复河流湿地就等于建造了数个大型污水处理厂。

拦水不放与"临渴掘井"

干旱是自然现象，在目前人类掌控的科学技术面前，
这已不是不能克服的难题。
农田水利基本建设是保障粮食安全的重要措施，
对此应常抓不懈，不能临渴掘井。

支持西南水电开发的专家认为：水能开发除发电、供水（灌溉）等直接效益外，还可大大缓解当地群众衣食住行对自然生态环境的巨大压力；为实现农村劳动力大规模地从第一产业向第二、第三产业转移创造必要的条件；为进行异地搬迁创造条件，从而逐步取消落后低效的耕作方式，从根本上消除对江河生态环境的破坏，并为生态环境保护与修复提供资金上的保证；通过水能开发，改善交通环境，可促进旅游、矿业等行业的发展。总之，合理的水能开发是改变地区贫困面貌、促进流域经济社会可持续发展以及保护流域生态环境的重要举措。

然而，爆发于2010年春季的西南大旱，却暴露出了另外的问

题，这从侧面反映出，利用水电解决干旱是远水不解近渴，甚至会加剧干旱。2010年春天，西南大旱形势一天比一天严峻，严重的旱情已导致广西、重庆、四川、贵州、云南5个地方6130多万人受灾，直接经济损失达236.6亿元。面对干旱，人们能够想到的竟然是地下水，却对水电工程里的水库水失去了信心。国土资源系统在干旱严重的滇黔桂地区施工深井200眼，浅井1100眼，直接解决200万左右缺水群众的饮水困难。"临渴掘井"除了动员地方的力量外，连军队也动员起来了。在西南干旱面前，那些水电蓄水水库里的水为什么不发挥供水、灌溉功能呢?

事实上，下游干旱时节，也是上游的枯水时节，这个时候发电也是需要水的，且此时的水比平时更加宝贵，水电公司为了自身的利益，是绝不会开闸放水的。说水电开发能够缓解旱情，完全是个借口，西南大旱面临的困窘就说明了一切。

中华人民共和国成立后的30年里，国家曾将农田水利基本建设放在首位。以水库为例，截至2006年年底，全国已建成水库8.58万座，总库容5800多亿立方米。然而，这些水库95%以上是1977年以前完成建设的。最近30年来修建的水库不到4300座，平均每年只修建水库143座。"人造天河"红旗渠，横跨110多千米的"汉北河"等大型水利工程，也都是30年前建设的。

目前，农田水利严重滞后的现状让人担忧。2015年10月，由全国人大常委会发布的《关于农田水利建设项目实施情况的调研报告》指出：多数水利设施老化失修，一些地方在干旱面前束手无策，水利设施不堪重负；大型灌区工程设施的完好率不足50％，中小型灌区工程设施的完好率不足40％；绝大多数泵站的灌排水能力达不到设计标准。由于水利设施跟不上，我国农田有效灌溉面积仅占农田面积的48％，只好"靠天吃饭"。显然，目前的农业水利是在吃过去的老本。

由于片面追求经济利益，作为控制农业命运的水库被承包出去搞网箱养鱼，或搞旅游开发，造成了严重的水体富营养化。因为承包，干旱季节农田急需灌溉时水库不放水，而雨季不需要水时却放水，水库蓄水抗旱的功能被排在了末位。甚至，即使水库有水，由于排灌渠道被毁，水路也不畅通。近30年来，没有人考虑渠道的作用，渠道不是被截断就是被填埋，或退化成污水沟。

干旱是自然现象，在目前人类掌控的科学技术面前，这已不是不能克服的难题。农田水利基本建设是保障粮食安全的重要措施，对此应常抓不懈，不能临渴掘井。建议有关部门认真总结教训，将大小水库从承包人手里收回，在干旱面前，要突出以人为本，不能为了小集团的利益而蓄水不放，要逐步清退一些没有经过环境评价的水电项目，还江河生态，解西南频繁的干旱、水患之灾难。

从地震看水电开发

抛开水库能诱发地震的问题不谈，

光自然发生的地震就可对水电工程产生大的破坏。

地震引发的山体滑坡造成"堰塞湖"，

由此形成的次生灾害是令人愚心的。

据新华社国内资料组编写的《1949–1980中华人民共和国大事记》一书(新华出版社， 1982)，1949~1980年中国有关的地震记录如下：

1951年2月29日云南省西部丽江专区发生地震。震中在剑川、鹤庆、丽江等县，房屋倒塌70%，死390人，伤1500人，受灾人数约12万人。地震发生后，中央人民政府拨款30亿元人民币(旧币)救济受灾人民，并派专机运送大批破伤风抗毒素到灾区医治受伤灾民。

1955年4月14日，西康省藏族自治州康定城一带发生地震，死39人，伤113人。

1958年2月8日，四川省阿坝藏族自治州茂县地区发生地震。

1961年6月4日，西藏阿陵山地区发生烈度8级地震。

1962年3月19日，广东省东部发生6级地震，震动时间持续约1小时。

1962年4月5日，广州东北方的东江下游地区发生烈度为6度以上的地震，地震波及广州市，广州市区的地震烈度为4度左右。

1966年3月8日，河北省邢台地区发生强烈地震，震级约6.7级，震中烈度为9度左右。

1970年1月5日，云南省昆明以南地区发生7级地震。

1974年5月11日，云南省昭通地区好四川省凉山彝族自治州境内，发生7.1级强烈地震。

1975年2月4日，辽宁省南部地区营口、海城一带发生7.3级强烈地震。

1976年5月29日，云南省西部地区龙陵、潞西一带连续发生7.5级、7.6级2次强烈地震。

1976年7月28日，河北省唐山、丰南一带发生7.5级强烈地震。另据新华社1979年11月22日报道，这次地震的震级应为7.8级，震中烈度为11度，总共死亡242000多人，重伤164000多人。

1976年8月16日，四川省北部松潘、平武一带发生7.2级地震。

1979年7月9日，江苏省溧阳县发生6级地震。

在共和国头30年里，中国境内共发生重大地震14起，其中云南、四川等西南地区发生了8次，占全国重大地震数量的57%，也就是说有约六成的地震集中发生在西南地区。这里是中国的地震断裂带，而目前水电部门在这里集中建设水电站。抛开水库能诱发地震的问题不谈，光自然发生的地震就可对水电工程产生大的破坏。地震引发的山体滑坡造成"堰塞湖"，由此形成的次生灾害是会人悬心的。

我不是地震专家，地震是否到了一定时间会卷土重来，需要再看看最近30年（即1980–2010年）的地震真实记录，可惜我找不到这样的材料。

但有一点可以肯定的是，河北邢台和唐山大地震的间隔时间是10年；四川茂县和松潘地震的间隔时间是18年，松潘与2008年汶川大地震相隔32年，上述地震几乎都是在同一震区发生的。

据水电部门称，他们设计的水电站寿命是50年，也即建立在地震断裂带上的水库和水坝，可能在其寿命期间面临1~2次严重地震。

希望历史的教训能够让无节制升温的西南水电开发者们冷静下来，为今人考虑，更为后人考虑。因为，他们是将一串串水电站建立在地震断裂带上的。云南省已建成大小水电站2000多个，但云南也是中国地震灾害最多的省份。

触目惊心的水污染

水安全问题，

正在构成中华民族的"心腹之患"。

2014年1月，我在河北邯郸参加京津冀地下水污染现状与对策学术研讨会。在会上我听到两种声音，一种声音来自中国地质科学院的地下水专家，他们的报告透露，中国北方尤其京津冀的地下水形势是谨慎乐观的，污染是原生性的，即地质因素造成的；另一种声音来自北京师范大学的水问题专家，他们指出的问题相当严重，不容乐观。我当时向第一个单位的专家询问北方地下水污染的现状，有没有存在向地下排污水的问题？有没有洋垃圾污染地面水的问题？第一个单位的专家没有正面回答，说没有发现案例；而第二个单位的专家则非常肯定，认为客观存在人为的地下水污染问题，且他们已经掌握一些厂家非法向地下排污的证据。从媒体报道来看，我国的水系污染是客观的，是十分严重的。为什么我们的专家依然要用那套外交辞令掩盖真相呢？

2014年11月19日，《北京日报》发表文章"中国环境状况公报：十大水系水质一半污染"指出，国控重点湖泊水质四成污染；31个大型淡水湖泊水质17个污染；9个重要海湾中，辽东湾、渤海湾和胶州湾水质差，长江口、杭州湾、闽江口和珠江口水质极差……

伴随人口增加、经济发展和城市化进程加快，水资源短缺、水环境污染、水生态受损情况触目惊心，水安全正在成为新时期经济社会发展的基础性、全局性和战略性问题。《2013年中国环境状况公报》显示，全国地表水总体轻度污染，其中黄河、淮河、海河、辽河、松花江五大水系水质污染，全国4778个地下水监测点中，约60%水质较差和极差。

再看湖泊。国控重点湖泊中，水质为污染级的占39.3%。31个大型淡水湖泊中，17个为中度污染或轻度污染，白洋淀、阳澄湖、鄱阳湖、洞庭湖、镜泊湖赫然在列，滇池水质重度污染。而且，大量天然湖泊消失或大面积缩减，"第一大淡水湖"鄱阳湖和"气蒸云梦泽"的洞庭湖湖面大幅缩小，"水情即省情"的湖北湖泊面积锐减，湿地萎缩。

现实是沉重的——全国657个城市中，有300多个属于联合国人居署评价标准的"严重缺水"和"缺水"城市。

趋势是严峻的——水污染已由支流向主干延伸，由城市向农村蔓延，由地表水向地下水渗透，由陆地向海域发展。

"目前，全国年用水总量近6200亿立方米，正常年份缺水500多亿立方米。随着经济社会发展和全球气候变化影响加剧，水资源供需矛盾将更加尖锐。"水利部水资源管理司副司长陈明说。

世界银行在一份报告中发出警告：用水需求与有限供给之间差距的扩大，以及大面积污染造成的水质恶化，有可能在中国引发一场严重的缺水危机。这一警告，绝非危言耸听，它正变为现实威胁。

湖北经济学院院长吕忠梅，从事环境法研究30多年。她一针见血地指出："雾霾大范围发生，人们经常碰到，因此被称作国家的'心肺之患'。而水安全问题，正在构成中华民族的'心腹之患'。"

河北沧县小朱庄村村民朱建勇，看到从地下抽上来的水散发着异味，并呈铁红色，惊慌莫名。村里一家养殖场的主人称，数百只鸡因饮用这样的水相继死亡。

监测显示，村子附近的新建化工厂不仅向河流排污，还向周边沟渠倾倒废渣。这个发生多年的生态事件，虽已过去了，但村民仍心有余悸。

"过去我们沧州挖几米深就能得到地下水，而现在一些地方要深入地下几百米才能抽到水，有时即使抽到也是污染水。"当地一位干部说。

　　只顾眼前利益，注重一己之私——"扭曲的义利观"是造成耗水过度、水质污染的重要社会心理动因。

　　盲目拉高速度、片面追求GDP——"被污染的政绩观和发展观"是危害水安全的重要现实"推手"。环境保护部环境规划院副院长兼总工王金南说："在水环境形势极其严峻的海河流域，各地都在发展钢铁、煤炭、化工、建材、电力、造纸等高耗能、高污染产业，只顾发展，不管环境。"

　　水污染加剧多半是人为因素造成的，正是由于人们向大自然无度索取，使得本已稀缺和变脏的水，变得更稀缺，更脏。

　　根据《全国水资源综合规划》，在全国主要江河湖库划定的6834个水功能区中，有33％的水功能区化学需氧量或氨氮现状污染物入河量，超过其纳污能力，甚至超过4~5倍，部分河流（段）高达13倍。

何时告别"牛奶河"

水资源保护与开发问题,除了技术因素外,

更大程度上是一种管理问题。

2013年7月10日,中国新闻网报道,位于川滇交界昆明市东川区的"天南铜都",部分选矿企业为追逐利润,在环保配套设施不完善,未办理环保竣工验收手续的情况下,通过私设暗渠,将含有镉等有害成分的尾矿水直接排入小江中,致使河水出现大量乳白色积淀物,绵延数千米,小江变成了臭气扑鼻的"牛奶河"。暗渠用水泥砌成,长达10余千米,每天向小江中排放含镉尾矿水达数千吨。

"牛奶河"的出现,是典型的企业为追求利润最大化的"图财害命"事件。东川选矿企业日选矿能力少则150吨,多则上千吨。处理每吨铜矿石,除去工人工资、水电、运输等各项开支,利润在5000元左右。如果修建尾矿库,处理1吨尾矿水就将增加成本2000元左右,这就减少到了3000多元的利润。在环保守法成本远高于违法成本的今天，企业选择违法生产，最终导致"牛奶河""墨水河""红豆水河"在全国蔓延。水污染引发了大量环境公共事件，全国各地"癌症村"的出现，敲响了中国的环保警钟。

针对水污染问题，自2007年始，国家投入数十亿元资金，全面启动"水体污染控制与治理"项目，突出饮用水安全、流域性环境治理和城市水污染治理三大重点。中央政府还加强了农村饮水安全建设力度，争取在10年内解决3亿农村人口存在的饮水不安全问题。

全国重点流域、海域水污染防治工作开始于2003年。经过数年来的有效治理，污染严重的太湖流域水环境已明显改善；黄河连续六年实现不断流。为保证三峡库区水环境安全，国家在2001年至2010年的10年间，投入约400亿元巨资，防治三峡库区及其上游的水污染，库区及其上游主要控制断面水质要基本达到国家地表水环境质量二类标准。

与此同时，国家开展了对重点区域的水污染治理的科技攻关，简称"水专项"，即在三河（淮河、海河和辽河）、三湖（太湖、巢湖和滇池）、一江（松花江）和一库（三峡水库）在内的水污染重点控制区域，以及珠三角、长三角和环渤海等城镇发展密集地区，开展"水专项"重大科研计划，为"十一五"期间主要污染物排放总量，化学需氧量减少10%的约束性指标实现提供科技支撑。

　　"水专项"将分三个阶段进行组织实施，第一阶段目标主要突破水体"控源减排"关键技术，第二阶段目标主要突破水体"减负修复"关键技术，第三阶段目标主要是突破流域水环境"综合调控"成套关键技术。水专项是建国以来投资最大的水污染治理科技项目，总经费概算300多亿元。

　　水是生命的源泉，它滋润了万物，哺育了生命。我们赖以生存的地球有70%是被水覆盖着，而其中97%为海水，与我们生活关系最为密切的淡水只有3%，而淡水中又有78%为冰川淡水，目前很难利用。因此，我们能利用的淡水资源是十分有限的，且受到经济发展带来的环境污染威胁。农业、工业和城市供水需求量不断提高导致了淡水资源更为紧张。因此，必须保护水资源。

　　从理论上讲，水资源是可以循环利用的，即被人类活动污染的废水依然可以重新利用起来；技术上，1989~1993年美国生物圈二号所做的大型封闭住人试验，可以将人类生活污水重新处理后，达到饮用的要求。这些技术包括污染物处理技术，水循环技术，湿地处理技术，氧气添加技术等。因此，水资源保护与开发问题，除了技术因素外，更大程度上是一种管理问题。

　　从管理的角度来看，水资源保护主要是"开源节流"、防治和控制水源污染。涉及水资源、经济、环境三者平衡与协调发展问题，还涉及各地区、各部门、集体和个人用水利益的分配与调整。这里面既有工程技术问题，也有经济学和社会学问题。同时，水资源保护也是一项社会性的公益事业。

节约用水是实施可持续发展战略的重要措施。努力创建节水型城市，实施可持续发展；大力普及节水型生活用水器具；开源与节流并重，节流优先、治污为本、科学开源，综合利用；实行计划用水，厉行节约用水；坚持把节约用水放在首位，努力建设节水型城市；依法管水，科学用水，自觉节水；强化城市节约用水管理，节约和保护城市水资源；努力建立节水型经济和节水型社会等措施，都是节约用水的具体做法。

水利设施成摆设谁该问责

一方面地面水不能有效利用，

水利设施常年失修，

另一方面大量开采地下水，

且地下水因工农业活动造成严重污染。

20世纪六七十年代，中国大地上修建了很多水利设施，满足了农业需求，这些设施是由当年的公社社员利用农闲时间义务修建的。他们自带干粮，常年奋斗在工地上，有些社员为修建公社里的水库，献出了宝贵的生命。

　　"水利是农业的命脉"。有了水，当年的粮食产量已经完全能够自我满足，当年化肥的消耗量连今天的1/10都不到，农田基本没有污染。那些遍布中国乡村的水利设施，尤其是水库，发挥了巨大的作用。

　　分田单干后，那些水利设施再也没有人维护。维护也没有用，因为农民的土地被分得七零八落，水从谁家的地头也不容易通过。水渠不能用了，农民就各自想办法，打深井，井的深度越来越深。在某种程度上，地下水是不可再生资源，因为有效地补充，地面下沉，于是华北平原出现了地下大漏斗。

　　水库也被承包给个人养鱼，大量的饵料投放在水库中，水质富营养化，也不适合灌溉了。一方面地面水不能有效利用，水利设施常年失修，另一方面大量开采地下水，且地下水因工农业活动造成严重污染，如此下去，中国未来的粮食生产潜力在哪里呢？

　　现在，农民将废弃的扬水站和水渠中的石料偷回家建房子。国家有关部门应将这些20世纪的重要水利设施保护起来，待条件合适时再行修复。遗憾的是，这种花很少钱就能够修复的工程没有人愿意搞，反而推倒重来，于是以兴修水利为名，全国农村又掀起了一轮水利工程热。不过，这种烧钱热之后带来的却是无水可用的寒冷。

2014年，我国北方某地花费5750万元建设农田水利设施，建成三年后成了摆设，一滴水没有放出来。眼看着水利设施成了有害设施，拆除它还需要一大笔费用，这很让农民寒心，也让他们对政府的做法看不惯。为什么会出现这种花钱帮倒忙的事情呢？谁该问责呢？

在山东省，我亲眼目睹了在几个村庄修建的农田水利工程成了摆设。水往低处流，这是连傻子都知道的道理，可他们偏偏将取水井建在低地，在一些不走人的地方建一座桥，蓄水池建在没有水源的地方。水利工程设施的建设根本不与农民通气，无视实际需求。可就是这样明显浪费国家财产的项目，是怎么通过验收的呢？原来，验收的时候不是农民浇灌的时候。那么哪些专家签的字呢？该不该负点责任呢？

除了水利工程的严重浪费，一些环保设施也存在类似问题，有些是半拉子工程，有些虽然能用，但使用率很低，这客观上造成了极大浪费。还有媒体吹捧的某乳业公司建立的处理牛粪污染的大型沼气站，竟然也没有气产生，国家上千万的投资打了水漂。要杜绝这种现象，主管部门不能再继续担当甲方，要将任务给环保企业去做，企业必须保证工程能够使用，并负责后期维护。官员为了回报，做的那些严重浪费国家财产的水利项目，还

不如直接给他们发"红包"，哪怕省下一半的钱，交给农民来
做，起码能建设能够使用的水利设施。其实，如果国家真的要
为农民解决灌溉用水问题，完全不必须重新建设，修复毛泽东
时代的农田基本水利设施就行了，花钱少，效益还大。

长江水灾："怨天"更要"尤人"

我们不能总是在自然灾害面前"怨天"不"尤人"，

不能只用"百年一遇""千年一遇"来回避人类的责任。

2012年夏季，长江大水再次将国人的心提了起来。7月18日以来，嘉陵江支流渠江、三峡区间中段、金沙江、乌江、沅水、澧水等区域发生了强降水。受暴雨影响，长江多条支流发生了超历史记录的最大洪水，其中，四川渠江广安市城区段水位在基准水位212.38米的基础上，上涨了25.66米，超警戒水位9.16米。这是自1847年以来广安市发生的最大洪水(2012年7月19日《广州日报》)。

提起长江流域的大水，人们很自然地记起1998年。当时，专家们称1998年大水是继1931年和1954年两次洪水后，发生的一次全流域型的特大洪水。而2010年长江大水的程度和危害显然超过了1998年的大水。

对于今天的长江水灾，专家们本能的解释依然是气候异常导致，是"天灾"。我国长江上游地区，天公总是不作美，一段时间连续大旱，西南五省出现了人畜饮水困难；一段时间长江上游又大涝，奔腾的洪水无处去，袭击脆弱的城市。这从客观上来看，肯定是气候变化的原因，以当前的科技水平，人类显然还是摸不透老天爷的脾气。其实，关于1998年以后长江会不会发大水，专家们的解释都是不可能。他们仅依据气象数据作出预测，完全忽视了人的行为也会加重自然灾害甚至诱发自然灾害。让我们以1988年长江大水为例，分析如下：

第一，长江中上游植被破坏，从根本上动摇山体植被拦蓄功能。云南砍伐热带森林种植橡胶、转基因桉树，湖北一带放火烧山，种植纸浆林。经济效益有了，然而，水的涵养功能却消失了。西南山地由于山高、坡陡、土壤抗蚀性差，加上降水量大，其生态系统实际上是很脆弱的，但这种脆弱性在未受人类干扰的前提下是不会表现出来的。而一旦将天然植被砍伐，普通暴雨就造成洪涝灾害。虽然经济林、人工纯林都属于森林，但它们的水土涵养能力比起天然林来，要差很多。据研究，24小时之内降雨在200毫米之内的大雨，天然林几乎都能够涵养，一旦降雨强度超过400毫米，天然林就拦蓄不住了，但依然能够减弱其破坏力量。如果改成人工纯林或者果园，降雨在200毫米左右，就可能出现大的洪水。1998年长江大水，许多地方降水强度24小时内超过了

500毫米，如果没有有效的植被拦蓄，那些借助了山体重力的洪水，一旦冲下来是很难阻挡的。

第二，将奔腾的河流拦腰截断，建立大小发电站，挡住了洪水的去路。高峡出平湖，发电效益提高了，但抗旱防洪的功能可能就会下降。这是因为，没有水的时候，为了发电效益，水库是守住水不放的，这就加重了下游干旱；而当水太多的时候，就开闸放水以自保，这就加重了下游的洪灾；水库快要决堤时，要动员军队护堤保证下游人民群众生命财产。中国建造大型水坝高达2.2万个，占全世界大型水坝总数的45%，为世界之最。从旱涝发生频次增加来看，人类无休止地"改河建库"可能是导致长江流域水灾和旱灾的"人祸"重要原因。

第三，围湖造田，大面积湿地消失，蓄洪能力降低。湖北素称"千湖之省"，20世纪50年代，湖北面积百亩以上的湖泊为1332个，其中5000亩以上的湖泊322个。然而，由于"围湖造田"，加上上游拦水，近几十年来湖北每年消失15个百亩以上的湖泊。洞庭湖位于中国湖南省北部，长江荆江河段以南，是中国第三大淡水湖，原为古云梦大泽的一部分，由于泥沙淤塞，围垦造田，完整的洞庭湖现已分割为东洞庭湖、南洞庭湖、目平湖和七里湖等几部分。天然湿地变成陆地后，洪水没有地方去，只能袭击城市和农村。城市里的水泥地面，没有蓄水的功能，城市雨水系统设计时，根本没有考虑大量"客水"在短期内涌入。

　　第四，拉直海岸线，填海造田，将近海湿地填为平地。即使到了长江入海口，人们对自然的改造行为也没有停止，甚至变本加厉，"围海造田"就是明显的例子。或许有人会说，这对于洪水的作用不大，但人类对大自然改造引起的负面作用是逐步积累的。陆地上水分通过大气环流得以与海洋交换。但是，如果陆地上湿地减少，则云就很难形成，即使有云，因地表干燥，这样，上气(云)不接下气(湿地)，降水格局就可能发生改变。"围海造田"增加的是陆地，但消失的是有重要生态功能的近海湿地。

　　痛定思痛，我们必须接受数次长江洪水教训。只有保护自然，回归自然，与自然搞好关系，才能有效抵御各种自然灾害。我们不能总是在自然灾害面前"怨天"不"尤人"，不能只用"百年一遇""千年一遇"来回避人类的责任，因为短短几十年内已经发生数次"百年一遇"了。

第四讲

大地裸露——当森林成为遮羞布

· · · · · ·

森林生态功能岂能用金钱衡量

中外专家们犯了一个常识性的错误，

自然生态系统连同演化了几十亿年的生物多样性在内，

同阳光、空气一样，是无价的。

生物多样性大省——云南省几年前发生的砍伐热带雨林事件令人心痛不已。据报道，在西双版纳自治州景洪市景讷乡贺孔村，上千亩热带森林在十天内被砍光，用于发展所谓的橡胶产业。

据中国科学院西双版纳热带植物园专家介绍，由于大量砍伐热带雨林，西双版纳森林覆盖率，已从20世纪70年代的约70%下降到目前的50%以下，30年来共损失了约40万公顷季雨林，其中很多天然森林被改变为橡胶林。橡胶产业收入几乎占西双版纳州财政收入的一半。天然森林消失后，西双版纳3个国家级森林保护区日益变成孤岛。

除了云南，在森林资源丰富的广西、福建、海南等地，不断有砍伐天然林种植桉树、能源林的不幸消息传来。往往是新的树种没种上，成片的热带、亚热带森林就被毁灭了。目前，不法分子贪婪的目光早已盯上了中国稀有的森林资源。我们担心，如果不采取强有力的保护措施，中国森林将毁于一旦。

长期以来，人们对森林总是不停地索求，要么索求木材，要么索求油料，要么索求干鲜果，要么索求工业原料，森林一直是作为林业来经营的，完全没有考虑到森林为人类带来的生态福祉。森林的生态功能，除了众所周知的涵养水源、释氧固碳、养分循环、净化环境、土壤保持、维持生物多样性等之外，还能为人类提供休闲等精神服务，这些都是用金钱买不到的。我们可在很短的时间内，以发展经济为目的改变森林的用途，但当我们有了足够的钞票，再来恢复森林的时候，其代价是异常大的。如果林地发生了水土流失，恢复森林甚至是不可能的，如北方许多山地森林已无法恢复，那里已没有土壤了，山体裸露，岩石突出。"十年树木"，是在有一定森林立地条件下的笼统说法，如果森林更新能力丧失了，恢复森林则需要几十年甚至上百年的时间。

十几年前，西方有位叫卡斯坦赞的学者，率先在全球提出生态服务功能的概念，并按照经济学的原理为不同生态系统"明码标价"。此风很快传到中国，上至院士，下到普通研究生，都试图对中国境内的森林、草原、湿地、荒漠等不同生态系统"标价"。我所在的研究小组也曾对北京西山的生态服务功能进行过计算，可算出来的几千亿、几万亿的所谓价值，国家不买账，老百姓更不理会，花花绿绿的生态系统服务"账单"，也只能发表在各种学术刊物上。其实，中外专家们犯了一个常识性的错误，自然生态系统连同演化了几十亿年的生物多样性在内，同阳光、空气一样，是无价的。世界上有些东西是能够用金钱买到的，有些则根本买不到。试图以标价的形式唤醒人们对生态的保护是徒劳的。

对森林、草原、荒漠、山地、耕地最有感情是当地居民，是那些"生于斯，长于斯"的人，他们对自然的保护是发自内心的。西双版纳州景洪市的热带雨林被砍伐，是当地两家公司所为，老百姓对此深恶痛绝。云南是中国生物多样性大省，但屡次发生的毁林、无序开发水电事件，恰恰说明他们对生物多样性大省的理解是肤浅的，在经济开发面前，生态环境总是被放在脑后的。

我国是森林相对贫乏的国家，现有森林面积175万平方千米，但人均与世界差距巨大，人均森林面积和蓄积量排在世界的134位和122位；森林覆盖率虽号称18.2%，但森林质量不高，人工纯林占据一定的比重。中国有重要生态价值的是那些原生植被或次生植被，甚至荒山都有可能发育成森林。对于经历了战火、开发热幸存下来的天然森林，我们怎么保护都不为过。在自然保护区、森林公园、湿地、天然草原、荒漠等区域，对于官员政绩的考核，绝对不能单纯用GDP。

在云南、西藏、海南等生物多样性丰富地区，对天然森林等自然植被的保护必须上升到国家行为的高度。热带森林不是这些省的财富，而是国家的财富，任何打着为当地群众脱贫致富旗号，破坏森林的做法，都应当坚决制止。

荒谬的灌木变林

内蒙古草原上，森林面积在增加，草原面积也在增加，
农田面积也在增加，城镇面积更是有目共睹地增加，
加起来内蒙古的总土地面积都膨大了，这可能吗？

灌木不"姓"林，早在十年前，我就对有关部门将灌木称为森林的做法表示过反对。虽然当时的媒体也报道了我的观点，但依然挡不住有关部门我行我素。这不，这些年来，内蒙古大草原上一下子冒出了这么多的森林，连以前根本不生长森林的干旱区也有了森林，灌木当森林甚至写进了国标(当然是行业部门自行起草的)。这些森林是哪里来的？无非是将灌木换了个名称，原来的灌木摇身一变成了森林。内蒙古草原上，森林面积在增加，草原面积在增加，农田面积也在增加，城镇面积更是有目共睹地增加，加起来内蒙古的总土地面积都膨大了，这可能吗？那么到底什么在增加？什么在减少呢？每个人心里都有一笔账。

生态建设就是造林，连林木不能生长的地方也要造林，高大

的乔木长不成，就种矮小的，矮小的也不活，索性就将那些原本在草原上，在干旱区存在的灌木、半灌木规定为林，这样中国的森林面积就一下子增大了，可自欺欺人地更换概念，能够对中国日益退化的生态环境起到多大的作用呢？

新修改的《中国共产党章程》中指出："中国共产党领导人民建设社会主义生态文明。树立尊重自然、顺应自然、保护自然的生态文明理念，坚持节约资源和保护环境的基本国策，坚持节约优先、保护优先、自然恢复为主的方针，坚持生产发展、生活富裕、生态良好的文明发展道路。"这一指导方针，明明白白地告诫全国人民，要遵照自然，顺应自然，保护自然，对于退化生态系统恢复，要保护优先，自然恢复。自然恢复什么？当然是本地植被，宜林则林，宜灌则灌，宜草则草，要遵照生态本底。16年前，当我主持的科研团队提出"以自然之力恢复自然"的理念时，遭到很多人的冷嘲热讽，而今这一理念却被越来越多的人接受了，甚至写进人类最大执政党的章程。这充分说明，在严酷的现实面前，对待自然的态度上，人们逐步学会了谦虚谨慎，不再我行我素，一意孤行。从这层意义上看，有关部门应当认真考虑一下，当年将灌木定义为森林是否科学？

有关部门，为了狭隘的利益，为了追求国家生态建设的巨额费用（农林部门都想争对灌木的管理权），巧立名目，偷换概念，做违背自然规律的事情，而大自然的惩罚可是针对全体国民的。今天，中国的自然灾害频发，根源在哪里？不应当引起我们的反思吗？

转引如下文章（本文作者为内蒙古苏尼特左旗科委原主任——作者注），供大家参考。

GB超矮林的疑似辉煌

有个傻子到东北找大舅，向一位农民问路。农民告诉他：过了那片林子就到了。他顺利地找到了大舅。傻子又到西北找二舅，向一位林业专家问路。专家告诉他：过了那片林地就到了。半小时后，傻子转回来问专家：林地在哪里？这个故事是我编的，虽然滑稽，但以下事实足以证明其"合情""合理""合法"与"可信"。

林，在生态系统诸元中的地位至高无上，享有帝王般的荣耀。至于林为何物，其本义凿凿，从"林"字诞辰那天起，就连傻子都知道是什么。

然而世事叵测。20世纪90年代中期以来，GB（即"中华人民共和国国家标准"）以其不容抗拒的威严让林的本质产生蜕变。GB/T15163-1994即《封山（沙）育林技术规程》把林分作五种类型，即"乔木型""乔灌型""灌木型""灌草型"和"竹林型"。GB/T15162-1994即《飞机播种造林技术规程》和GB/T15776-1995即《造林技术规程》更是把小叶锦鸡儿等矮灌列为"主要造林树种"。国家林业局《"国家特别规定的灌木林地"的规定》钦定的地理范围，是指以县为单位，年均降水量400毫米以下等地区。粗略统计，被"特别规定"的县、旗、市、区有340多个，覆盖近半个中国。中国林科院的《森林资源基础数据规范》，除了名目繁多的林种罗列，还特别作出"自定义"授权。如"1194000自定义灌木林由生长低矮无明显主干的木本植物构成，但具体类型本技术规范没有包括，而由使用者自行分类定义的类型"。

由于林的经典涵义被抽筋换骨，致使大面积的草原植被和荒漠植被得以"越龙门"，擢升为森林植被。曾经的灌丛草原（或草场或草地或草山），因其侏儒灌丛被披上生态之皇的斑斓新衣而湮灭，沦为淘汰名词。常言道，妙棋一着满盘活。GB"源头治林"的奇招之妙，妙在森林扩展一下子变得如吹气球一般迅速。而对如此荒唐的欺天大谬，我国林学界、草学界、植物学界、生态学界以及官员界，竟然至今噤若寒蝉。

先浏览一些"数据森林"的光鲜乱象。据1999~2003年第六次全国森林资源清查结果，森林覆盖率比上次清查增长了1.66个百分点，其中含"国家特别规定的灌木林地"新增的0.39个百分点，约3.75万平方千米，占增长部分的23.5%。2001~2003年，内蒙古草原勘测设计院用3S技术（即遥感RS、地理信息系统GIS、全球定位系统GPS）结合地面调查数据，发现全区草原面积较80年代减少了3.81万平方千米，减幅为4.84%。在罗列四个减少原因时提到，"第三是草原适宜造林地区，生态建设造林力度加大，部分草原变成林地，疏林草原、疏灌丛草原封育而成有林地或灌木林地，使草原减少"。可见，"草变林"已成为内蒙古草原减少的主因之一，也是森林增加的主因之一。到2010年，内蒙古的森林覆盖率从10年前的14.8%提高到了20%，增加的面积差不多有宁夏那么大，不可不谓神速。更有报道称，四子王旗2010年林业用地面积达到1586.8万亩，乔、灌林面积增至831.5万亩，森林覆盖率由上个世纪末的1.35%提高到现在的21.39%，首次超过全国20.36%的平均水平。一片两万五千多平方千米的干旱草原，仅用十年就覆盖了二十多个百分点的森林，简直比神话还神！该旗的西邻达茂旗森林覆盖率2000年为1.98%，2007年改写为4.36%，2009年又改写为11.3%。十年一个三级跳，一级比一级高。

再管窥一下东苏尼特草原的"森林覆盖"进程。据内蒙古草原勘测设计院1985年《苏尼特左旗土地利用现状调查报告》记载：全旗林地面积为109.3平方千米，占总面积的0.32%。但到2005年，旗委、政府的一份文件称：全旗草原面积33124.7平方千米，占总面积的96.7%。林业用地达31179.7平方千米，占总面积的91%。其中宜林地23988.7平方千米，占70%，其他各类林地7191平方千米，占21%。看官，此文件虽然有些逻辑错乱，但绝非吹牛撒谎，乃GB之特许使然。其实在1985年调查数据中，全旗有以锦鸡儿、红沙等灌木、半灌木建群的草场达一万多平方千米，占总面积的30%以上。这就意味着，本旗尚有不少可直接用作"草改林"的数量储备，而且无须担心被指造假或浮夸。与前述四子王旗相比，苏尼特左旗面积更大，被"森林"覆盖时间更早，数据更显赫，完全可倚GB之鉴示人以"辉煌"。但旗统计局当年公布的森林覆盖率却是2.06%。到2010年，"经自治区林业勘察设计院初步界定"，苏尼特左旗森林覆盖率变成了5.6%。但旗政务门户网站至今仍在讲"96.7%的面积属于草原"。对此奇怪现象用胆小保守抑或大胆抗上恐怕都不好解释。问题的实质在于，依据GB的规定，把这一大片干旱草原的森林覆盖率由传统的0.3%改写成30.0%或二者之间的某个数，对于生态友好究竟有多大贡献？让林以贬值增容的方式自欺欺人，有意思吗？西苏尼特草原的情况类似。据苏尼特右旗林业水利局官网，到2005年底全旗"林地面积占总面积的23.77%"。但该旗政务门户网站2007年发布的文件仍在讲"草原面积占总面积的96.8%"。在这场"赝"林充数与恪守本知的博弈中，被达摩克利斯剑（为与国际接轨尚方宝剑更名啦）下指的人众心态之复杂，由此可见一斑。而对于有些旗县门户网站，在"森林覆盖率"这个表征生态状况的重要指标上讳莫如深，也就不难理解了。例如东邻阿巴嘎旗门户网站只有可利用草场27024平方千米，占土地总面积的98.2%的数据，而百度不到森林覆盖率的信息。

林，因其与生俱来的、极其重要的高度要素被GB阉除而变态。以致过去连傻子都明白的事，现在很多不是傻子的人，甚至有的业内专家都不明白了。繁杂的概念和冗长的规范，使林的判定俨然成了极少数专业精英方能掌控的深奥玄机。在苏尼特左旗，占总面积30%以上的矮灌建群地中，目前尚有约25%未获林待遇签证。如不查阅林地"界定档案"，即便你是著名、资深、领军、泰斗，在这里也难免遭遇双兔傍地走的尴尬。有调侃曰，所谓科学就是把人人都懂的东西弄得谁都不懂，此其例耶？又由于各旗县对林的认知程度与操作技巧参差不齐，致使诸如激进的四子王、踟蹰的苏尼特、跳跃的达茂、隐秘的阿巴嘎等特色典型五花八门。此区区五旗，面积达12.77万平方千米，比浙江省还大。不过，传统观念在老百姓心中还是根深蒂固的，对很多事物并不在乎专家怎么白活或官方怎么敲定。倘有哪一位俯看林的主人敢宣称自己是在森林（或树林或林地）里放牧，则有可能会被误认为神经出了毛病。

事情还不止于此。由GB矮林导出的又一乱相，是学术领域植被演替的经典理论被彻底颠覆。仍以苏尼特左旗为例：1964年以红沙、珍珠、盐爪爪为建群种的草场（牧民称其为"戈壁"）有3022平方千米；到1985年，变成了4394平方千米，21年间自然增长了45.4%。而同期的生产力（理论载畜量）却从344.3万只羊单位滑落到87.5万羊单位，下降了74.6%！这种大范围演替的主因，系气候干旱化所致。按传统理解，戈壁的增加部分是草原退化成荒漠，为逆行演替；而按GB定义则成为草原嬗变为森林，属进展演替。从1986年至今又过了25年，干旱草原上的植物群落演替从未停歇并且仍在继续。然惜无可用于"草变林"的新增数据。不过事实摆在大地上，只要调查，数字总会有的。面对泛大西北禾草与树木齐高，戈壁共寸林一色的奇观；匍地林暴增与生产力骤减同步的事实；奉矮灌蔓延苦果充回天神力仙丹所演绎的一地糊涂；请问，谁能为边陲草野中迷茫失措的人们释疑解惑？

在内蒙古，除了如上所述森林覆盖大幅增加外，"草原面积总量比本世纪初增加了1300万亩"，"近几年……耕地面积增加46.9万亩"，"2008年，内蒙古净增耕地1.5万亩"。请注意：森林在增加，草原在增加，耕地在增加，建设用地（如城镇、工矿、交通等）我想也应该在增加，那么问题来了：什么在减少？在浩如烟海的统计数字里，类似这样的欠和谐组合有如繁星。

望梅画饼徒自慰，唯见笑料在人间。时下，学术界一些人热衷于缀学弄术，掉阖江湖，翻云覆雨，常识罔顾。直搅得白黑移位，乱象蓬生。先哲云，行成于思而毁于随。愚以为，操作第一生产力的人们，尤其是踞学术高端的人们，应该老老实实地研究与认识、尊重并遵循自然规律，兢兢业业地做学问，用科学发展观规范自己的学术行为。万不可以国家权威，用巫师手段，耗民脂民膏，凭一厢情愿，异想天开地制造一些不伦不类的游戏乃至儿戏规则及其疑似辉光来亵渎科学，折腾民众，糟蹋国家。

对很多事情，大到国计民生，小到鸡毛蒜皮，很多人喜欢用法律裁判。这里也赶个时髦，效颦一次，依法就GB超矮林在法理方面的欠缺探个究竟。《中华人民共和国标准化法》第六条明确规定："对需要在全国范围内统一的技术要求，应当制定国家标准。"但GB超矮林被"特别规定"在年平均降水400mm以下的范围内，并非"全国范围"（类推：倘某GB被"特别规定"在海拔±0以下的范围内，恐怕只有吐鲁番了）。第八条规定"制定标准应当有利于……保护环境"。第九条规定"制定标准应当有利于合理利用国家资源，推广科学技术成果……"而GB超矮林泡沫除给生态建设和环境保护的理论与实践造成混乱外，没有任何积极作用。所以，GB超矮林涉嫌"实体违法"。本法第六条还规定："国家标准由国务院标准化行政主管部门制定。"《标准化法实施条例》第十二条具体规定："国家标准由国务院标准化行政主管部门编制计划，组织草拟，统一审批，编号、发布。""工程建设、药品、食品卫生、兽药、环境保护的国家标准，分别由国务院工程建设主管部门、卫生主管部门、农业主管部门、环境保护主管部门组织草拟、审批；其编号、发布办法由国务院标准化行政主管部门会同国务院有关行政主管部门制定。"可见，国家林业局没有发布国家标准的授权。所以，GB/T15163-1994、GB/T15162-

1994、GB/T15776-1995等国家标准涉嫌"程序违法"。有鉴于此，按照《标准化法》第十三条之规定，对GB超矮林进行复审并废止，当其时矣！

谨以此文向高频鼓噪、强势践行林即生态、生态必林、林若快餐、林乱自然，试图以生态失明的折腾拼凑生态文明的人们谏言：欺天者，终被天欺。

灌木不"姓"林

这是一个严肃的生物学与生态学原则，
即灌木无论如何也不能算做林木，
灌丛不等于森林！

目前提倡造林，造遍大江南北。但在秦岭以北，大兴安岭以西，年均降水量不到400毫米的草原、草甸、荒漠、高寒草甸分布区域除了个别靠近水源的地方，森林并不能成活。一因降水量不足以支持森林的耗水，二因热量不够，难以越冬，长成"小老头树"，三因蒸发量大，会形成大面积盐碱土。

在生态学上，水、热、土壤因子的这三种组合决定了在上述地区优势的植被类型不可能是林，而是草原，何况那里还存在大风、强日照呢。

草原上分布有大量的灌木，这是自然界长期演化的结果。草长得好，灌木就没有优势，旱而贫瘠的地方才以灌木为主，如新疆的琵琶柴、白梭梭等。上述区域的林地仅分布在靠水源、避风、低蒸发的地段，只是草原背景下的一些"斑块"。

我不否认有关部门在这些地方造林的成绩，但这代价很大——白浪费钱不说，还消耗了后代人使用的地下水，加重了盐碱化，降低了生物多样性，同时病虫鼠害猖獗。由于一些生态工程"以林为老大"，尽管50年来造林不断，森林覆盖率仍然达不到1％。种上的树长成矮小的"灌木"林，怎么办呢？就有人在文字上动工夫了——灌木摇身一变成为树，造林树种"花名册"里把柠条、沙柳、沙棘、沙地柏等灌木，铁杆蒿、木地肤、羊柴等半灌木（它们大半生都姓"草"）都列为树了。这就不难理解中国的森林覆盖率为何升得如此之快了——增加的"覆盖率"中许多是原来统计在灌木或草地上的面积。

其实，这是一个严肃的生物学与生态学原则问题，即灌木无论如何也不能算做林木，灌丛不等于森林。作为林木至少应是有明显主干和一定高度的乔木，即生态学上的大高位芽植物；而灌木，一无主干，二是低矮，所形成的植物群落称为灌丛，乔木形成的群落才称为森林。作为植被分类的一个重要单位，灌丛是与森林、草原、荒漠、苔原、红树林等并列的，它从没有改过"姓"。

全球陆地上，除了南极大陆以苔藓植物为主外，灌木无处不在（北极和青藏高原也有）。如果仅因"灌木"沾了个木字便姓"林"，那么整个地球大陆不都覆盖了森林吗？那些巧立名目获取国家生态建设费用的做法是否该停止了呢?

造成目前这样做法的主要原因还是政策的问题,退耕还林(草),草只羞答答地躲进了括号里。沾林便有钱,于是灌木改姓林,而还草没油水。管它活不活,先把工资发下去,待遇提上来,钱拿到手再说。

纳税人的钱再也不能不明不白地浪费下去了。我们呼吁:国家要加强经费使用的有效性,采取公开、公平、竞争的方式使用经费,杜绝灌木充林的做法;只在该造林的地方造林,不该造林的地方还生态的本来面目;充分发挥生态学家的作用,杜绝部门利益保护,建立有效的经费使用监督与检查机制。

(本文于曾发表于《中国青年报》,收录本书时有删改。——作者注)

假如"地球村"里没有了森林

砍伐造成的破坏不仅仅是森林本身，
栖息在其中的动物、微生物也遭到了灭顶之灾。
这个灾难之后的受害者就是人类本身了。

按照目前流行的说法，人类起源于非洲的丛林。大约1000万年前，整个非洲大陆覆盖着连绵不断的森林。后来，大裂谷的形成改变了非洲的地貌和气候，森林丧失了生存的条件，连续的森林碎片化使东西部动物群的交往受到了阻碍。环境改变后，人猿的共同祖先发生了分离。西边较大居群的后裔适应湿润的森林环境，成为两种大猿；而东边较小居群共同祖先的后裔则相反，出现了一种对空旷环境适应的新成员，即人类的祖先。从这个高度简化的人类起源故事看，人类从诞生起，就和森林有不解之缘。

关于森林的功能，这里有一组枯燥的数据：每公顷森林可年吸收灰尘330~900吨，这是说森林是很好的空气过滤器；有林地比无林地每公顷多蓄水20吨，即森林是"绿色水库"；每公顷防护林可保护100多公顷农田免受风灾，是说森林是农田的"呵护神"；每公顷森林放出的氧气可供900多人呼吸，因此森林是最好的天然"氧吧"；每公顷松柏林，一昼夜能分泌30公斤抗生素，杀死肺结核、白喉、伤寒、痢疾等细菌，所以森林还是我们的"保健医生"；噪声通过40米林带可减噪10~15分贝，即森林还可以让人安静下来；林地只要有1厘米的枯枝落叶层覆盖，就可以使泥沙流失量减少94%，水土保持效果比裸地提高44倍。还有，森林冬暖夏凉，夏季日平均气温低2℃左右，冬季日平均气温高2℃左右。因此，适宜的人居环境里应当有森林。

森林的作用远不止这些。森林为人类提供了工业原料、燃料、饲料、肥料及油料；森林是国民经济持续、快速发展的重要保障，健康的森林是生态良好的标志。从全球环境看，森林生态系统还是控制全球变暖的缓冲器。森林减少对全球变暖的贡献率约占30%~50%。反过来讲，要控制全球变化，减少日益增加的空气二氧化碳，在适宜的地区大量发展森林无疑是最好的选择。正是由于这个原因，人们将热带雨林形象地比喻成"地球之肺"。

森林还是生物多样性的摇篮，除了人类起源于森林外，世界上90%以上的物种跟森林有关；热带雨林更是生物多样性的巨大宝库，它拥有200万物种，至少是地球上动植物种类的50%。仅在巴西Rordonia地区1平方千米的热带雨林中，就有1200种蝴蝶，是美国和加拿大蝴蝶种类总和的2倍。

一刻也没有停止的毁林运动

然而，尽管人类从大森林里走出，人类对于养育他的"母亲"并不是呵护有加，而是不断地砍伐与掠夺。砍伐造成的破坏不仅仅是森林本身，栖息在其中的动物、微生物也遭到了灭顶之灾。这个灾难之后的受害者就是人类本身了，日益增加的大气二氧化碳、大气温度、全球性降水分配不均匀在很大程度上正是由于大四砍伐森林造成的不良后果。

毁林的例子比比皆是。20世纪90年代中期，估计还有5500万平方千米的热带雨林处于未受破坏的状态，保留的面积只有原来的50%，相当于美国国土的三分之二。即使这些剩余的热带雨林，每年也以16万平方千米的速度被砍伐；同时有等量的雨林由于耕种、采樵和放牧受到严重影响。照此速度，全球热带雨林将在30年内彻底消失。热带雨林破坏多发生在经济落后的非洲，如委内瑞拉每分钟消失热带雨林达30公顷。在我们大部分人的有生之年，世界上有1/4的物种将随着热带雨林一起消失。

20世纪上半时期，在波罗的海诸国和前苏联西部的交界处发生了大规模的森林砍伐。"二战"以后，在工业伐木的同时，许多造林工程开始实施，但是造林的速度赶不上砍林的速度。由于非法采伐，俄罗斯联邦损失了约8.5亿公顷温带森林和泰加林，所毁森林占世界林地总面积的22%，超过了世界上任何一个国家最大的森林面积。工业污染也导致森林严重退化，是一把看不见的巨型"斧头"。东欧和中欧大面积的林地遭到了酸雨的危害，在俄罗斯联邦的工业中心乌拉尔、科拉半岛和西伯利亚都发生了森林退化，仅在西伯利亚的诺里尔斯克就有50多万公顷林地受到破坏。俄罗斯联邦的车诺比尔有100万公顷林地受到影响。

在地中海地区，由于过度放牧和树木砍伐，目前不受干扰的森林面积已经非常之少。受气候条件（空气干燥，风力强大）影响，火灾和植被的可燃性是地中海地区林地的主要敌人。据估计，每年平均有50万公顷的林地被烧毁。火灾主要是人为因素引起的：在传统牧区，"牧火"非常频繁，尤其是在灌丛林地，其他绝大部分火灾是由于疏忽引起的，而非犯罪意图。在干旱年份，火灾发生的次数急剧上升，尤其是在旅游区。

假如没有了森林

没有了森林的呵护，我们付出的可能是生命的代价。2005年6月10日，一场突如其来的大水，夺取了黑龙江省宁安市沙兰镇中心小学88名小学生的幼小生命。如果从表面上看，那些小生命是被那平时看似柔弱的水"变暴"而夺去的，但是，水为什么会变暴呢？这与森林生态环境的退化有着直接的关系。

雨降落到地面上形成径流。地面上如果没有任何的覆盖物，像城市的水泥地面那样，那么雨水将很快聚集成大水；如果这个没有覆盖物的地面变成了坡面，即山坡上，那么聚成大水的速度将更快，"洪水猛兽"说的就是这个道理。相反，如果地面上有植被，植被下面有枯枝落叶层，枯枝落叶层下面有土壤，那么，再暴的雨变成"猛兽"之前都需要一定的缓冲时间。因为，暴雨的力量被山上的森林、灌木、草本、枯枝落叶、土壤五道"卫士"大大地减弱了。从茂密森林里流下来的是"涓涓溪流"而非急流或者泥石流。失去了上述五道"卫士"保护，暴雨直接从裸露的有一定坡度的岩石面上滚下，其势如猛虎下山。

2002年，陕西佛坪一场大水夺取了237人的生命，3103人无家可归，10564间房屋被毁垮。洪水形成的原因与上面分析的一样，只不过来势更猛：一是24小时内的降水超过了400毫米；二是大量的小如篮球大如磨盘的石头在水里滚动，杀伤力更大。而这些大石头是从山上冲下来的，因为山上的树木遭到了严重砍伐，土石裸露，遇暴雨成灾。洪水夹带着石头，其破坏力，甚至连抗8级地震的三层楼房也不能幸免。

森林涵养水源和保护生态环境的功能早就被美国科学家证实了。1965年，耶鲁大学的科学家将胡伯德–布卢克森林地区一条河流上游38英亩的森林全部砍光，并用除草剂将新长出的小草也全部杀死，观察水土和养分流失情况。没有了森林保护，流出峡谷的水量增加了40%；钙的流失量增加了10倍；氮由原来每公顷吸收2公斤到释放120公斤，河水硝酸盐含量超过安全饮用水标准。被砍伐后的峡谷肥沃程度急剧下降，暴发洪水的危险大大增加了。由涓涓溪流到"洪水猛兽"，原因就是上游的森林植被遭到破坏。

美国的实验在我国得到了更加惨重、更加触目惊心的验证。由于上游大量森林植被的破坏，水土流失加剧，1998年我国长江、松花江、嫩江流域都爆发了特大洪灾。仅长江水灾造成直接经济损失就达3000亿元，如果加上灾后重建的开支，则经济"付费"的数额就更惊人了。因此，对于森林生态系统的重要性，我们是无论如何也不能忽视的。

人类的努力

为了挽救森林，各国政府都在进行着不懈的脑力。这些努力不外乎保护天然森林和植树造林两个方面。围绕着这两个方面，许多国家都有很成功的例子。仅举数例：

美国农业部林务局直接管理着遍布各州的155个国家森林，总面积2000万公顷。在林业发展战略上他们采取了保护和合理开发森林资源的战略，到20世纪七八十年代逐步向森林多效益发展转移，近来又从森林单效益向多效益和可持续经营的方向发展，突出了生态优先的森林经营理念。管理模式上采取"政企合一"的经营模式，即政府林业行政管理机构直接管理国家森林企业，对人、财、物，产、供、销实行统一领导。此外，为弥补用材林不足，他们定向培育集约速生丰产林，建立永续利用的木材供应基地。

　　欧洲所有的国家都在努力减少原始森林的砍伐量，采用可持续的林业管理模式，不断提高生物多样性和其他生态服务功能。为了支持这些行动，"泛欧森林认证框架"为森林提供了自愿认证机制，使欧洲的不同国家体制和非欧洲方案之间可以相互沟通。制止森林砍伐的另一个措施，就是对非法采林进行处罚或采取其他形式的经济制裁措施。在克罗地亚、捷克、匈牙利、立陶宛和波兰，木材交易收税和罚款的所得，用于奖励保护森林和造林活动。除国家行动以外，欧洲国家还是国际直接或间接处理森林问题联合行动的重要参与者，许多有关物种保护的国际协定也是间接的保护森林，如生物多样性保护公约、全球变化框架条约、京都议定书、拉姆萨湿地公约等。欧洲保护野生动物和植物栖息地(栖息地指南)的《欧洲议会指南》于1994年实施，敦促其成员国对森林生态系统和生物多样性实施有效的保护以及掀起全民性的造林改善环境运动。

　　日本是个人多地少的国家，即使如此，该国国土面积的67%为森林所覆盖。森林蓄积量达35亿立方米，其中人工林为占41%，天然林占59%。天然林中树龄高，蓄积量大的林分多分布于深山地区，被划定为保安林、国家公园及自然保护区等，发挥着国土保护、自然景观维持和野生动植物保护等重要作用。分布在山村附近的天然林也根据居民的要求，更多地发挥着生活环境保护及保健休养、传统文化等方面的作用。从"二战"以后，日本强调造林，以针叶林为主，面积约占98%，蓄积量占99%。因此，日本的人工林大都生产了优质的木材。即使如此，日本开始营造有重要生态功能的其他阔叶本地树种，如麻栎、山毛榉等。日本的森林按所有制形式划分为国有林、公有林和私有林。这3种形式的森林面积所占比重分别为31%、11%和58%。国有林主要由林业厅管辖，大多分布于偏远山区，强调其生态功能。公有林包括都道府县和市镇村等地方政府所属的森林。私有林无论面积还是蓄积量均占全国50%以上。随着木材生产由天然林向人工林的转变，今后日本的木材供应将更大程度的依赖于私有林。

需要指出的是，发达国家无不利用其强大的资金优势，将生态危机外部化。一方面他们强调国有森林要突出公益服务，保护森林生态系统，不追求经济利润，另一方面大量进口木材，保护本国的森林资源。日本对自己的森林，爱怜有加，但对别国尤其发展中的国家木材却大量进口，造成别国的生态环境破坏。

我国森林变迁及人工造林的努力

中国历史上曾经是一个多林的国家。经有关专家考证，在

4000年前的远古时代，中国森林覆盖率高达60%以上。但是随着人口的增加，加上战乱、灾荒、开荒、开矿、放牧等人为活动，森林资源日趋减少。到2200年前的战国末期降为46%；1100年前的唐代约为33%；600年前的明代之初为26%；1840年前后约降为17%；民国初期降为8.6%。可见，中国的森林是被过度增加的人口一口一口地"吃"掉的。新中国成立以后，中央人民政府大力号召人工造林，以增加森林覆盖率。尤其毛泽东主席提出了"植树造林、绿化祖国"的口号以后，造林运动成为了全民的行动，也取得了举世瞩目的成就，目前我国的森林覆盖率由新中国成立初期的12.51%提高到了16.55%。增加的森林覆盖率中，人工林占了很大的比例，北方突出表现为以杨树林为主，南方则以杉木林为主。

应当指出的是，尽管我们在用全民的努力提高森林覆盖率，一些不恰当的措施还是造成了森林数量和质量的下降。如"大跃进"期间，为大炼钢铁，乡村集体林中的许多次生林被砍伐；三年自然灾害期间，为偿还前苏联贷款，东北和西南大量的原始森林被毁。这些历史，有些是教训，如大炼钢铁运动；有些是历史造成的，如困难时期，人们自然会想到森林的价值。

人工造林的成就较好的时期当推20世纪五六十年代。一是造林质量高，成活的多；二是造林树种多用本地种类，如北方的油松、侧伯、落叶松、云杉、冷杉；南方的马尾松、铁杉、相思树等。那个时候，即使乡村造林，也多选择长寿、木材优质的树木，如在中国北方是国槐、楸树、刺槐、榆树、旱柳、枫杨、油松、黑松、侧柏、杨树（不是今天的速生杨）等。如今，我们造林一味强调速生，北方基本成了"杨家将"南方成了"杉家溪"。仅为了一点点经济效益，却失去了生态效益和社会效益。在这方面，我们不是进步了，而是退步了。

更令人不解的是，现代人将"绿化祖国"理解成了"树化祖国"，将森林推向现代生态条件根本不支持大片森林的荒漠与草原地区。20世纪五六十年代，我们的确在草原上成功种植了一些杨树林，但是，这个面积很小，目前正发生衰退。之所以"成功"，一是当时的水分条件比现在好很多，二是人们种树比今天认真。现在，我们花的钱远超当年，而成效却不大，值得深思。

大树进城何时休

每一棵大树都是一个完整的生态系统。

它与周围的土壤、土中的生物、树下的地被、树上的鸟兽昆虫，

形成了良好的依存关系，将大树挖出并"截肢"处理，

完整的群落生态必将遭到严重破坏。

在很多新建的广场、马路两旁，一些"缺胳膊少腿"的大树和古树凄凉地站立着，有的萌出了新枝条，有的干脆成了枯树。这些大树是城市改造者们从乡村买来"点缀"城市的，有人自豪地称这种做法为"大树进城"。

美好的东西多在乡村，唯有进城农民被人称为"土老冒"。昔日人们瞧不上眼的乡土树木被城里人看上了，顿时身价倍增，纷纷被人挖出来卖进城。无怪农民们自嘲：城里人不稀罕俺，可俺家的树却有了城市户口。

进入21世纪以来，城市生态建设强调本地物种的呼声越来越高，这本是件好事。但是，问题出在苗圃里都是些"洋"物种，到哪里找本地树木啊？乡村大树多得是，于是，树贩子们来了好生意，乡村的大树遭到了"大炼钢铁"以来最大的破坏。此风从上海刮起，很快在北京、江苏、浙江、河南、湖北、湖南、贵州、广东、山东，甚至在内蒙古、新疆、云南等内地与边疆的城市蔓延。在全国，几乎在所有的城市改造或广场建设都能见到进城大树的身影。

山东东南部的一个地级市改造，从乡下采购大树6400余棵，胸径大都在30厘米以上，平均每棵1万元左右，其中从湖北省挖来的一棵栎树收购价高达22万元；西南某市近年来移植进城的大树数以万计，这些"农转非"的大树，或因"水土不服"，或管护不到位，死亡严重；贵阳市为争创全国园林城市，采取"大树进城"的绿化方案，从农村或林区大量购买已经长大成林的树木。短短两年，几万棵的大树（含古树）和珍贵树木涌进贵阳。可好景不长，大树进城后不久开始成批死亡，死亡率超过70%。某城市要实施"万棵大树移植工程"，要消灭"城区内无大树的历史"，而他们的目标，竟是用2~3年的时间从乡村移植大树30万棵，这都是丑陋的以邻为壑，以农村为壑的做法。

"大树进城"并不是现代人的发明，清乾隆至嘉庆年间，就在"广仁岭南山一带松甚是茂盛者，将树高一丈之内者移于热河""钟鼓楼沟松树岭一带山上自生小树林内，起刨一百五十余棵移于园内，至于杂树，照旧采买补栽"。但是清朝移栽树木的目的仅是补栽，树木移动的距离几乎与避暑山庄一墙之隔，远不是今天这样，跨县、跨市甚至跨省移栽。

大树进城的危害有哪些，我们来说一下。

第一，造成乡村生态环境与文化多样性的严重破坏。每一棵大树都是一个完整的生态系统。它与周围的土壤、土中的生物、树下的地被、树上的鸟兽昆虫，形成了良好的依存关系，将大树挖出并"截肢"处理，完整的群落生态必将遭到严重破坏。直接的恶果是水土流失，鸟兽失去家园，与其改善的城市局部环境相比，可谓得不偿失。在移栽过程中，每棵30厘米以上的大树要挖土坨1-2吨，造成大量土壤损失。从文化角度看，中国北方乡村中的槐、榆、椿、白蜡、松、柏；南方乡村中的樟、楠、杉、银杏、相思等大树，是乡村一道道美丽的风景线，大树老树还是乡村的标志，如今，大树老树被卖进城市，乡村美景为之失去颜色。乡村没有了老槐树，"我找不到回家的路"，许多返乡的"贺知章"们叹息道。

第二，移栽过程中会造成大树甚至古树死亡。龚自珍在《病梅馆记》悲叹人们对梅花的摧残，讽刺了当时人们丑陋的病态心理。现今，人们对生长了几十年、上百年根繁叶茂的大树，去其根系，删其枝叶，加上长途运输，造成大树的死亡率高达50%~70%。即便成活，好一棵参天大树，也只落了个断臂之"维纳斯"。

第三，助长了形象工程、浮躁工程蔓延。树木生长是有一定规律的，一些乡土树种寿命大都很长，符合当地生态，但是生长很慢，这本是自然规律。鉴于此，20多年前，许多专家在很多场合下建议在苗圃里种植乡土树种，到时候长成大苗，以满足城市绿化的需要。遗憾的是，这些建议未被重视，才有了今天大树进城的悲剧。要扭转这种局面，必须纠正人们的"速绿"心理。利用大树古树使城市迅速绿化，是典型的形象工程和浮躁工程，这种"速绿"导致了不少人走向致富捷径，不认真培植和经营苗圃，而是将其作为囤积倒卖外来大树古木的场地，使许多苗圃基地丧失了应有的功能。

第四，助长了贪污与犯罪。尽管大树进城耗资巨大，因其身价陡增，有利可图，大树还是成了紧俏商品。大树进城派生出一批拐卖大树的树贩子，他们出没乡间，借机谋利。有人称大树进城有利于农民致富，这是个偏见。根据我们调查，一棵百年以上的老梨树，苗木贩子给的价格只是几十元到百把十元，而雇用吊车费用每小时200元，大树拉到城市就值上万元了。其中的钱让谁赚走了，不言自明，还有一些管城市绿化的官员趁机"中饱私囊"。

第五，大树进城带来了病虫害。乡村的树木因适应周围环境，虽有病虫害，因其生物多样性复杂和大量天敌存在，不易爆发。而单一的大树进入城市，树干中沉睡的虫卵们遂失去控制而大量爆发。城市中增加的小蠹虫、白蛾、扁刺蛾、星天牛等许多就是随大树进城的。

目前，我国的城市化率只有50%左右，要实现中等发达国家水平（70%左右），还有很远的路。新城要建设，老城要改造，如果缺少的大树都是从乡村"购进"，则中国乡村生态危矣。因此，我们强烈呼吁：立即停止大树进城。

让人欣慰的是，现在大树进城终于被全国绿化委员会、国家林业局叫停。高兴之余，还是有些感慨，在这个漫长的喊停过程中，许多大树古树已经"命丧黄泉"了。而且，近十年的大树进城造成的乡村生态破坏是惨重的，乡村中的大树基本被洗劫一空了。

湿地消失——大地失去排毒功能

· · · · ·

一条小河的命运

知了不再欢唱，

小黄鸟也不知去向，

银沙滩没有了，

沙子被盗卖一空，

河流变成了一条臭泥沟。

我从小长大的地方，是山东沂蒙山区的一个普通小村庄，普通到在地图上很难找到它的名字。然而，这个小村庄却很特别，特别之处就在于有一条小河，弯弯曲曲从村头流过，不知流淌了多少岁月。

那条小河，我们一直不知道叫什么名字，孩子们就叫它"河沿"。河分上河与下河，上河水急而清澈，从一片芦苇丛中穿过，芦苇丛两旁是绵延约1千米的树林。树种很多，有枫杨、加拿大杨、旱柳、国槐、刺槐、榆树、楸树、核桃秋、紫穗槐等。下河水流和缓，宽宽的河床上，铺着银色的沙滩，两岸的乡亲在沙滩上挖个浅坑，就直接取水饮用。

河里有很多鱼。发洪水的时候还可以在浅滩上抓住几十斤重的大鲤鱼，鱼是从上游水库里跑出来的。平常水流平静，能够看到一些鱼在浅浅的水底下静静地待着。有一种鱼，孩子们叫它"沙里趴"，用手就能抓住。深水里的螃蟹、虾米、青蛙、泥鳅非常多，我们用笊篱就能捞到。还有人织渔网，将渔网做成簸箕的形状，绑在长木杆上，这样就能抓到更多的鱼。

银沙滩上长满各种小草，有白茅、狗牙根、荩草、马唐、辣蓼、葎草、鸭趾草等，水边还有水芹菜。河流两岸的树林，密不见人，胆小的孩子都不敢进去。森林里有各种漂亮的鸟儿，有一种小黄雀，个头很小，非常灵活，羽毛金黄，喜欢在国槐树上停留。孩子们很希望逮一只，拿弹弓打，但还未开弓，鸟儿们便"嗖"地飞跑了。

一到夏天，树林就更显热闹，知了的叫声，响彻整个夏天，天气越热，它们叫得越欢。知了的幼虫要发育三年才能从土壤里钻出来，我们老家的人称之为知了龟儿。知了龟儿一般在炎热潮湿的晚上钻出土地，爬到树上蜕变为蝉。知了龟是野生的美味，非但孩子们，就是大人也都喜欢捕来吃。现在当地县城餐馆，知了龟儿是一道名贵的菜，按只售卖，一只一二十克重的知了龟儿卖一两元钱。当然，这些都是人工养殖的，与野生的没法比。只是现在生态环境破坏严重，野生的知了龟儿越来越少了。可是小时候的知了龟儿好像永远都捕不完，有的人一天晚上就能捕一两百只，能炒好几大盘。

知了龟儿蜕皮后化身为知了，便飞走了，但外皮，也就是蝉蜕却仍留在树上。这是很好的中药材，放学后的孩子们捡来卖的钱，能买小人书看。虽然知了的肉又老又硬，但孩子们仍然不会放过，把面筋粘在长杆上，很容易就把知了粘住。逮知了龟儿，捡蝉蜕，粘知了是孩子们一整个夏天的乐事，小小的一个虫儿，让孩子们的欢乐声飘荡在广阔的田野树林。

在河里洗澡也是一件趣事，水不很深，但对小孩子来说依然有危险，小时候就有邻家的孩子到深水里洗澡淹死了。家长和老师都禁止孩子们到深水里去，但在家长和大孩子的监督下，到浅水里洗澡是没问题的。那时候的农村没有空调，甚至没有风扇，凉爽的河水就是避暑的最好去处。

这条无名的小河一直陪伴我度过了小学和初中的时光。

1978年，我考入县里的高中。很少再有时间到河里洗澡，也不抓知了龟儿了。1981年，我到济南上大学，与这条小河的距离就更远了。1985年，我大学毕业回到老家，看到小河两岸的森林被全部砍光后种上了杨树。1989年，我结婚后带着妻子来到河边，还能找到一点森林的感觉，但已全是杨树了。1997年，我再回老家，河流两岸出现了很多养鸡场。2007年，沙贩子们在大肆盗挖河里的沙子。2009年，上游流下来一股股浓浓的血水，从此再也没有停止过，因为上游建造了一家日处理1万只鸡规模的屠宰场。

这条小河，河水早已不能喝了。人们也不再到河里洗澡，河水粘在身上黏黏的，还有一股臭味。知了不再欢唱，小黄鸟也不知去向，银沙滩没有了，沙子被盗卖一空，河流变成了一条臭泥沟。农田直接延伸到河边，1千米宽的本地森林也以"退林还耕"的名义变成了农田。农田里，充斥着大量的化肥、农药和除草剂。白的、黑的、绿的塑料袋和各种农药瓶丢弃在河旁，垃圾堆进河里。

这条河，再也没有了生机，它"死"了。

当我不知道这条河叫什么名字时，它是一条充满生机的河流，当我知道了这条河的名字后，它却已经毫无生机。2005年，通过查找资料，我得知这条河的名称——金线河。在东边不远的地方，还有一条规模小一点的河，银线河。金线河，银线河，都很短，大约20千米的样子，最后都汇入浚河，又进入淮河，从江苏省进入大海。

曾经美丽的河流，也有美丽的名字，但已经不能再称之为河了。水脏了，生命没有了，银沙滩消失了，工业废水无情地改变了它的颜色，农业面源污染正向它的身体里灌注大量的化肥与农药残留物。

谁是害死它的元凶？短短三十多年，一条河流就这么被杀死了，作为一个生态学者，我一直思考，全国到底还有多少条这样的河流？

还有多少沙子可卖

建筑无小事，动土应当是十分谨慎的事情。

一些古老村落之所以吸引人，除了历史原因，

它们本身就是一件件活的艺术品。

　　新农村建设带来了新一轮乡村改造。据我了解，山东北部某城市近郊农民几乎全部上了楼，还计划将开发区附近几十个村子的平房推倒盖楼。农民上楼了，土地腾出来做了工业区，这种发展模式到底好不好？

　　在我的家乡沂蒙山区，我看到的另一个现象更加触目惊心。村里的一些有钱人，用低廉的价格将村里的河道承包了三十年，名义上种树，实际上盗卖沙子。他们雇佣了挖掘机，把河里的沙子挖出来卖到镇上，再由其他沙贩子高价卖到城里。这种行为从2005年春节开始，持续至今。据村里人介绍，10亩河道一年挖下来，能赚10多万元。

　　除了沙子，这些年，贩子们还贩卖沂蒙山区的大石头，大卡

车在山路上往来穿梭，热 闹异常。

中国"快餐式"的城市化除了造成很多村落的消失，还耗尽了很多宝贵的不可再生的资源，如沙子、石头和土壤。盖高楼虽然有很大的商业利润，可是，终究有一天，当国民富裕，再也不愿意住"鸟笼"般的楼房，是不是要推倒高楼重建平房呢？西方发达国家早就走过了这样的弯路。

农村毕竟是农村，农民是与土地打交道的群体，他们很少像今天这样，住在离地面如此高的楼上。农家院落尽管破旧，但是那里有历史，有文化。农家院是村落的基础，村落是中国乡村的基础，乡村是中国的文化基础。中国和美国不一样，我们的历史长达5000年，美国只有200多年；中国的农民占了全国人口的55%以上，美国不足2%。即使要搞城市化，也没必要将农民都"装"在方块楼里，把村落收拾得舒适一些，难道不更适合人居吗？

沙子、石头、泥土是自然界长期演化的产物，是不可再生的资源。目前，国家对于乡村河道管理基本处一种无序的状态。尽管各地河道属于地方政府的河道管理局管理，但是，一些承包人只要给村集体一些承包费，给河道管理部门交一些管理费（甚至根本不交），拿到所谓的"采沙证"，沙子就基本是承包人的了。据我观察，承包人每小时花200元雇挖掘机，挖沙的速度是每5秒钟1吨。那情景跟"抢劫"无异。可怜乡村大好的河流湿地，被挖得千疮百孔。在山东农村，我几乎看不到小时候的那种自然河道——当年河道两旁分布有宽约几百米甚至近千米的银色沙滩，沙滩上还有各种湿地植被。消失的沙子已经永久地封存在城市或者乡村建筑的水泥里了。没有沙子，河流失去了其重要的功能：泄洪和水质净化。

石头和泥土的命运也一样。在山东济南，一座山被切成"豆腐块"卖掉了，成为"愚公移山"的现代版；在泰安，十吨以上的大石头摆在路边公开出售。名曰"泰山石"，有"镇宅"的功效，生意十分看好。更有甚者，中国宝贵的大量不可再生的石头(花岗岩和大理石)被加工成了各种形状或者"艺术品"售给了日本、韩国、美国、欧洲各国。此风不止，我国的不可再生资源将面临一场浩劫。有很好黏性的土壤被烧制成砖头，成为建筑材料。而上述建筑材料，可能会因"建了拆，拆了建"这一恶性循环不断减少物质来源。

建筑无小事，动土应当是十分谨慎的事情。一些古老村落之所以吸引人，除了历史原因，它们本身就是一件件活的艺术品。老一辈人盖房是很讲究的，是真正的"慢工出细活"，且大都是真正的手工艺品。不说古代的木匠、石匠、铁匠、泥瓦匠、制砖匠、制瓦匠的活做得漂亮，单就是仅学做那些活，三年的学徒期就初步看出他们的基本功。能工巧匠是对古人说的，今天的工人虽然能盖高楼，但所依仗的是现代化的工具，至于工程质量，则与古代差太远了。有的古建筑，千年不倒，现在的建筑仅仅几十年就成危房了。

抢救乡村湿地

人为因素造成的乡村湿地消失也不应忽视，

在大部分地区，湿地消失的诱因中，

"人祸"甚于"天灾"。

2008年春节期间，从我的家乡沂蒙山区农村传来一个好消息：为解决农田灌溉难题，市政府专门下拨5万元经费打井。地点选在当年的"涝洼地"上，那里曾经是一片湿地，20世纪60年代末还种植过水稻。然而遗憾的是，专业打井队从4月动工，向下钻了400米后，依然不见水的影子，一个月后，不得不以失败告终。

曾经的"涝洼地"，而且常年土壤湿润的地方打不出水来，乡亲们大感不解。原因到底在哪里？这得从20世纪80年代初说起。土地联产承包后，农民种地的积极性大大提高了，以前敲钟下地总有干不完的活，现在分地后，农民的积极性调动起来，庄稼活很快就不够干了，土地遂显紧缺，那些"涝洼地"就成了农民待垦的"荒地"了。他们深挖排水沟，并从远处运来沙土堵住泉眼，再垫上厚厚的土，湿地变干了，村子里多出了几十亩耕地。这个消息不胫而走，周围村庄纷纷仿效。仅仅几年工夫，村子里的大小池塘"蒸发"了，季节沟渠也被整平了，河道两边的天然植被也被砍光了，就连几百年保留下来的坟地也被平整成了耕地。总之，村里能够存点水的地方都被整成了平地，在城镇周围的土地则被沥青水泥封闭了。乡村土地多了，但湿地消失了，干旱的天数多了，连地下水也打不出来了。

在全国范围内，乡村湿地的消失更加触目惊心。在北方，河北省过去50年来湿地消失了90%，即便侥幸存留的湿地，八成以上也变成了污水排泄场所；陕西关中一带30多个县，几十年来消失上万个池塘。在南方，中国最大的淡水湖鄱阳湖，水域面积从最高4000平方千米减少到不足50平方千米。因湿地消失，干旱几度由北方转移到鱼米之乡的江南。2007年，鄱阳湖大旱，湖畔城市上千万人遭受饮水危机。干旱、半干旱区湿地状况更不容乐观。内蒙古阿拉善盟，由于上游地区大量使用黑河水资源，进入绿洲的水量由9亿立方米减少到现在的不足2亿立方米，致使东西居延海干枯，几百处湖泊消失。新疆塔里木河流域因上游大量开荒造田，造成下游350千米的河道断流，罗布泊、台特马湖已干枯沦为沙漠。

关于乡村湿地的消失，很多人非常轻易地归因为气候变化。全球气候变化，降水不平衡，在一定程度上的确对湿地造成了影响，尤其在干旱和半干旱地区。但是，人为因素造成的乡村湿地消失也不应忽视，在大部分地区，湿地消失的诱因中，"人祸"甚于"天灾"，主要表现在：

第一，围湖造田、围海造田、填塘造田，直接将湿地改造成旱地。由于土地紧缺，分布在乡村的各类湿地(池塘、滩涂和湖畔)就成了攫取的对象。1958年"大跃进"期间，湖南省对洞庭湖实施"围湖造田"，大批农民迁到湖区，建立了许多大坝，围堵湖水，将历史上的"八百里洞庭湖"变成"三百里洞庭湖"。有"千湖之省"之称的湖北省，"围湖造田"使湖泊不断减少，萎缩后的湖泊已基本丧失了调蓄功能，水旱灾害面积逐年增长，由20世纪50年代平均每年46万多公顷增加到80年代的170多万公顷。在海滨地区，由于土地资源更加紧缺，人们"围海造田"的热情至今不减，上海、浙江、厦门等地纷纷出台政策，向大海要土地。江苏省盐城市原有582千米长的海岸滩涂湿地，目前只给丹顶鹤等野生动物留下了尚不足50千米海岸线的"核心区"，其余全部人为开发。原来一望无际的滩涂湿地，现被各种化工厂、造纸厂、养殖场、晒盐场所占据。一些被江南淘汰的化工、印染、造纸企业纷纷"抢滩"江北滩涂湿地，给这里的自然生态造成了致命打击。

第二，水库截断了上游来水，造成下游湿地萎缩甚至消失。

中国是世界上建设水库最多的国家，截至2006年底，中国有水库85874座。上游建立水库后，下游水源则被迫切断，只有上游不需要水时才考虑放水。这样，以自然河流为重要水源补充的下游湿地就面临干枯威胁，那些干旱半干旱区的湿地受害更严重。在甘肃石羊河上游，在8条支流上修建了10座水库，导致下游的民勤县用水极度紧张，"民勤将成为第二个罗布泊"的传言不胫而走。

第三，建造大型水坝加剧了下游湿地萎缩。尽管针对大型水坝对自然生态系统的影响尚存在各种争议，但是，上游建立大型水坝后，由于打乱了上下游水流平衡，下游湿地锐减却是不争的事实。黄河小浪底水库运行后，下游河床下切，同流量水位降低，造成湿地面积减少，其中开封以上河段浅滩、嫩滩、低滩湿地消失明显。同时期遥感数据显示，1997年黄河下游自然湿地面积为724.3平方千米，2003年减少到651.6平方千米。长江三峡大坝建成后，下游水位降低，与湖面形成较大落差，湖内的水直接流到长江里去了。2006年7~8月份，长江上游部分地区出现建国以来最严重的旱情。

第四，超采地下水，造成湿地消失。由于干旱、上游水库截流、水污染，地表水已经不能满足人类的生存需求，在水资源利用上，人类将目光盯上了几百米甚至几千米以下的地质水。目前，海河流域地下水超采面积近9万平方千米，占平原面积的70%。同时，由于过度开发以地下水为主的水资源，湿地迅速消失。地处"九河下梢"的天津市，当年湿地面积占总面积的40%，如今湿地仅占7%。"华北明珠"白洋淀，自20世纪60年代以来出现7次干淀，时间最长的一次达5年之久。另外，过量开采深层地下水，引起地面下沉。天津市区最大沉降已达3米左右，其中塘沽区已有8平方千米沉降到海平面以下。

第五，严重的水污染造成湿地报废。湿地具有一定的水污染净化能力，但是，湿地的这种功能是有限度的，污染排放超过其环境容量就会对湿地造成毁灭性的打击。我国7大水系均遭受了来自工业废水的污染，其严重程度依次为：辽河、海河、淮河、黄河、松花江、珠江和长江。山东省境内的小清河曾因水质清澈而得其美名，如今这条河流因污染成了名副其实的"小黑河"。仅在小清河的济南段，就分布有排污口110个，有8家重点企业直接向河内排放工业废水。为了逃避排污责任，某著名造纸企业竟发明了在50千米外另辟"污径"的做法。其厂区风景如画，然而，50千米外的小清河水成了"酱油水"，臭气冲天。

湿地被誉"地球之肾"，湿地萎缩大大降低了其调节气候、调蓄洪水、净化水体的能力，并在一定程度上加重了旱涝灾害，同时导致野生动植物丧失家园。中国乡村湿地消失已经演变成为巨大的生态灾难，在一定程度上加重了乡村生态环境的退化。抢救乡村湿地，已经到了刻不容缓的地步了。

"围海造田"当慎行

我们都知道"沧海桑田"，

这个成语是说陆地也是由海洋变来的。

但是这个变化非常漫长，自然界存在应变这个改变的能力。

由于沿海土地资源紧张，"围海造田"有愈演愈烈之势。2008年，上海建设"海上城市"战略规划就已正式出台。规划选址于杭州湾北侧，规划总面积约为6.5平方千米，设计承载人口达5万~8万。

早在2006年，上海市就斥巨资400亿元建设了133平方千米"临港新城"，其中45％的陆地是"填海"而来的。2007年，浙江省舟山市投资1.03亿元，实施"围海造田"，建成后新增陆地面积4.13平方千米。这个趋势如果不能及时制止，则沿海许多湿地将面临灭顶之灾。

在土地紧张的国家或地区，"围海造田"很流行，荷兰人最早，也相对较成功；日本、新加坡、中国香港、澳门也通过填海，不同程度地解决土地紧张问题。但是，"围海造田"将蜿蜒曲折的海岸线"拉直"，成片的红树林、滩涂等自然湿地被破坏。"围海造田"可能会带来一些短期效益，但是，长期以往，会带来生态灾难，主要表现在：

第一，湿地消失，加重旱情。陆地上水分通过大气环流得以与海洋交换。但是，如果陆地上湿地减少，则云就很难形成，即使有云，因地表干燥，这样，上气(云)不接下气(湿地)，降水会逐渐减少。最近，北方不断出现干旱天气，降水逐年下降，就与北方大量的坑塘被改造成旱地有关。"围海造田"增加的是陆地，但消失的是有重要生态功能的近海湿地。

第二，生物多样性降低，渔业资源减少。近海滩涂、红树林、潮间带等湿地，是陆地与海洋进行物质和能量交换的重要场所。由于人为阻隔，近海来自陆地的营养物质不能及时入海，造成近海以陆地营养为生的蛏蜞、虾、蟹、蚌、蛤、螺、蚬等海洋生命受到威胁，从而影响海洋食物链和渔业；以此为生的陆地动物也受到影响。另外，海洋生物与陆地淡水还存在千丝万缕的联系，"围海"工程势必影响重要鱼类的洄游。

第三，"围海造田"诱发洪灾。由于近海湿地起着重要的能量交换功能，海洋能量通过湿地逐渐释放，从而与陆地生态系统相安无事。然后，人工围海措施中断了这个能量释放，使海洋能量不断聚集，一旦释放后患无穷。

2004年12月26日上午，发生在印度尼西亚苏门答腊岛附近海域的海啸令人不寒而栗，那场灾难造成1.23万人死亡，许多人流离失所。从海啸过后的海滩来看，民房已经延伸到海边，一些土地就是"围海造田"形成的。如果天然植被尤其红树林存在，海啸产生的能量被自然湿地吸收，则就能有效减少人员伤亡。泰国拉廊红树林自然保护区在红树林保护之下，岸边房屋完好无损；而与它相距仅70千米，没有红树林保护的地方，民宅则被夷为平地。

再来看中国近代的教训。清朝中后期，人们为了短期得到耕地，采取"围海造田"做法，对珠江三江州滩涂进行垦殖。他们将石块抛于海中，拦阻上游泥沙，加速滩地淤高。然而，石坝筑在江河出海口，侵占了深水道，造成泥沙淤积，水道越来越窄。大雨时节，由于河流能量不能及时宣泄，酿成水患。据《东莞县志》载，"道光十九年，番禺案犯郭进祥等在南沙乡之南兴工圈筑堤坝，约长三四千丈，据为己有"。由于人工堤坝阻碍河流，"本年四、五、六月三见水灾，低下田庐皆成巨浸，加之东南两江盛涨陡至，经月始消，田禾浸没，黎民阻饥"。面对水患危机日增，道光年间严加整治，对在海口筑田加以限制，规定"沿海之番禺、顺德、香山、新会等县"严禁报垦。

第四，加重赤潮危害。人工拦海影响了河流三角洲的涨潮低落，陆地积蓄的营养物质会在短期内向海洋释放。如"围海造田"用来养殖，则基塘中大量有机质和氮磷钾等营养物质，随退潮流入海中，使沿海的藻类植物过度繁殖，出现"赤潮"，产生有毒物质，威胁到海洋生物的生存，使鱼贝类大量死亡。

第五，围海造田改变了自然景观。我们都知道"沧海桑田"，这个成语是说陆地也是由海洋变来的。但是这个变化非常漫长，自然界存在应变这个改变的能力，但是，如果这个改变是剧烈的，自然景观被严重破坏，那么，大自然就无法应对突然的变化，积蓄的力量就会释放，从而对沿海居民造成危害。

由于"围海造田"和过度砍伐，中国天然红树林面积已从20世纪50年代初的约5万公顷下降到目前的1.5万公顷，70%的红树林丧失。红树林的大面积消失，使中国红树林生态系统处于濒危状态，许多生物失去栖息场所和繁殖地，海岸带也失去了重要的生态防护屏障。

"围海造田"虽然短期解决了土地紧张问题，但是生态功能没有了，人类的经济功能、社会功能也无法保障。鉴于许多重大教训，以"围海造田"闻名的荷兰，也不得不将已经围起来的土地"还淤，还湿"，他们考虑的是自然生态系统的功能不能因过多的人为干扰而被破坏。

然而，在巨大的商业利益面前，沿海湿地面临的将是不断被蚕食。我们呼吁停止无序的"围海造田"，以法律形式保护沿海滩涂湿地和自然生态系统，逐步恢复天然湿地。如大面积湿地被沥青、水泥或者高楼大厦覆盖，恢复湿地就非常困难了。我们不能等到在自然惩罚(如海啸、洪水、赤潮)到来的时候，才考虑给自然生态系统让地盘，这样的教训太惨烈了。

洞庭湖鼠灾昭示人与自然关系的告急

我们需要更加审慎地多听听自然的声音。

"大自然是一部读不完的天书"。

2007年6月上旬以来，洞庭湖区约20亿只老鼠躁动起来，随着水位上涨大量内迁。湖滩上到处可见老鼠窝，堤岸、护坡变得千疮百孔。老鼠将所遇到的绿色植物啃噬殆尽，连天然湿地植被也不放过。7月14日，洞庭湖水位二度上涨，田鼠再次向大堤迁移。

近来，太湖蓝藻污染警报还没有完全解除，又先后暴发了武汉蔡甸区"水华"、苏州、巢湖蓝藻恶性水污染事件；治理了多年的滇池蓝藻也杀了昆明人一个回马枪。在江南水乡，因水污染带来的环境问题频频出现。以经济高速增长为傲的江南若干省份，开始尝到了发展带来的苦果。

如果将偶然发生的一两次生态问题，与围湖造田、填塘造田等工程建设联系起来，是没有科学道理的。然而，如果连续几年出现同样的征候，甚至老鼠、蚂蚱以及眼睛看不见的小小蓝藻都出来闹腾，我们就不得不反思了。

鼠类研究专家称，洞庭湖区基本没有东方田鼠成灾的记录，其大暴发主要出现在近几十年。一与20世纪80年代以来的围湖造田运动有关，二与大小废弃的堤坝有关，三与近两年来上游堤坝蓄水、泄洪关系密切。去年由于上游多处蓄水，洞庭湖没有被淹，较长的枯水期导致鼠类栖息地暴露，有利于东方田鼠繁殖。

此次洞庭湖鼠灾暴发，笔者才明白，为什么我的导师侯学煜先生早年那么强烈地反对围湖造田以及盲目建设堤坝工程。当年他和北京大学的陈昌笃教授不愿意看到的生态后果，现在正陆续出现。

1963年，中共中央召开全国农业工作会议。侯先生与人合作的《以发展农林牧副渔为目的的中国自然区划概要》，毛泽东、周恩来等看后，指示加印4000册分发各省领导参考学习。后来，针对片面强调"以粮为纲"产生的问题，侯先生又向中央呈送《怎样解决十亿人口的吃饭问题》，提出"大粮食"观点，凡食物都应该称作粮食，花生、豆类、水果、蔬菜以及蛋、奶、鱼、肉、虾等都是"食物"。根据这一观点，他认为农业经营不能限于禾本科粮食作物，而应包括农、林、牧、副、渔，即"大农业"。他强烈反对毁林开荒、滥垦草原、围湖造田、围海造田、填塘造田。

　　遗憾的是，恩师的诤言并没有阻挡人们围湖造田、围海造田、向草原要粮的热情，不少堤坝如期建设并投入了运行。今天，长江中下游出现了各种不祥征兆，值得我们反思。

　　长期以来，在发展经济的同时，人们蔑视自然，信奉人定胜天，将环境成本计算为零；甚至为了发展，还要"适当"破坏一下自然。如今，大大小小的"破坏一下"，在不同的区域、不同的时段，酿成了各种生态灾难。对这些灾难，几年前还可以视为自然发出的警告而不予以理会，可今天就不能掉以轻心了。

　　庆幸的是，这些灾难没有在同一时间暴发，否则人类可能难以招架大自然的报复。今后在处理人与自然的关系方面，我们需要更加审慎地多听听自然的声音。"大自然是一部读不完的天书"，看到洞庭湖鼠灾暴发，我再次想起侯先生的这句话。

面对蓝藻暴发我们怎样作为

治理蓝藻，要源头控制，

不是末端治理。

2007年5月29日，太湖无锡流域突然暴发大面积蓝藻，供给全市市民的饮水源遭到污染，蓝藻危机暴发。几个月来，太湖蓝藻污染警报还没有完全告停，又先后暴发了武汉蔡甸区"水华"、苏州、巢湖蓝藻恶性水污染事件。可见全国治理蓝藻的战役远没有结束。那么，蓝藻是什么？它是怎么成害的？怎样科学治理蓝藻?在蓝藻治理方面怎样才能避免走弯路呢？我们来谈谈这些问题。

蓝藻、水华及其危害

蓝藻是对蓝藻门植物的笼统叫法。植物的分类系统分为界、门、纲、目、科、属、种7个主要级别，蓝藻就属于蓝藻门，包括色球藻和藻殖段两纲。色球藻纲藻体为单细胞体或群体；藻殖段纲藻体为丝状体，有藻殖段。蓝藻是一类原始、古老的植物，除了含叶绿素a(不含叶绿素b)、叶黄素和胡萝卜素外，还含有藻胆素(藻红素、藻蓝素和别藻蓝素)。因藻蓝素含量较大，因此细胞大多呈蓝绿色，故蓝藻又称蓝绿藻；又因为大多数蓝藻的细胞壁外面有胶质衣，有人也称蓝藻为黏藻。太湖暴发蓝藻，水体黏稠，发臭，就与蓝藻的胶质衣有关。

地球出现了46亿年，而蓝藻在地球上出现了33亿~35亿年。因此，蓝藻是远比人类等高等动物早得多的物种。目前，已知蓝藻1500多种，分布十分广泛，遍及世界各地，但主要为淡水种类。

除少数蓝藻能够生活在60~85℃的温泉中外，大部分蓝藻生存的温度在30~40℃。不过，仅温度适宜并不会造成蓝藻暴发，水体中存在大量氮、磷营养物质，且水体不流动，再加上适宜的温度，这些才是蓝藻暴发的主要原因。

蓝藻暴发时，在水面形成一层蓝绿色带腥臭味的浮沫，称为"水华"，也有人称为"绿潮"（以区别海洋发生以褐藻为主的"赤潮"）。"水华"出现，加剧了水质恶化，对鱼类等水生动物，以及人、畜均有较大危害，严重时会造成鱼类死亡，这主要是因为大量死亡的蓝藻尸体分解时消耗氧气，造成鱼类窒息。

更为严重的是，蓝藻中有些种类（如微囊藻）还会产生毒素，大约50%的"绿潮"中含有毒素，这是肝癌的重要诱因。这种毒素非常耐热，不易被沸水分解，饮用蓝藻毒素污染的水源对人体健康极为不利。

治理蓝藻的技术措施

目前治理蓝藻有各种方法，概括起来有以下几种：

第一，生物防止法。蓝藻是淡水鱼类的食物，因此可以通过投放此类鱼苗治理藻类，防止藻类暴发。花鲢或白鲢每增长1千克就能"消灭"40千克到50千克蓝藻。从放流鱼苗到捕捞上岸，一条鲢鱼一共能吃掉60千克左右的蓝藻。有人测算，向太湖投入价值1亿元、大约2.8亿尾鲢鱼苗就可有效控制蓝藻的发生。但是如果水华污染严重，鱼类无法生长，形不成大量种群，就难以控制蓝藻的大规模暴发。

第二，生物浮床法。利用吸附藻类的植物和其他生物控制水体中的营养物质，抑制藻类过量繁殖，从而建立生态平衡系统。在人工浮床上，用人工方法让水上长出美人蕉、水葫芦、旱伞草等水生植物，既能吸收水体中的氮磷等污染因子，又可抑制蓝藻生长。

第三，机械捞法。这是最原始和传统的办法，即用人力捞出，无锡水源口就是采取这个办法。为了提高速度，也有人发明了自动金属膜过滤器，在动力船缓慢行驶过程中，通过金属膜不停转动，把蓝藻打捞上船，效率比人工提升上千倍。在打捞过程中，增加了絮凝、沉降、气浮、推流、收藻等多种功能。优点是打捞彻底，缺点是对大面积蓝藻仍难奏效。

第四，化学法。即用化学药物杀灭，一般用硫酸铜。早期海洋赤潮治理也常用硫酸铜，效果较好。但二价铜离子对生物幼体的变态具有致畸性，并引起饵料藻类的严重脱落；同时，硫酸铜具有毒性，能破坏水体正常的生态系统，因此化学灭藻应谨慎。

第五，微生物菌除藻。将活性污泥中的有益菌种进行菌群筛选，分离出来，喷雾干燥后获得高密度菌粉，再通过工厂化大规模生产，附着到填料上，形成高效处理系统。有人在上海试验显示，河道治理前水体呈暗黑色，水体富营养化现象严重，没有水生动植物生长。经过12天治理，夏长浦河治理段水质明显改善，水体清澈无异味。

第六，高强磁灭藻，即应用高强度磁场杀藻。有人发现，在磁场强度为3700高斯的高强磁水处理器的作用下，水体中藻类数量由50万个/mL降到5万个/mL，蓝藻基本消除；水体溶氧量和透明度分别由原来的2.40mg/L、40cm提高到7.20mg/L、75cm，水体质量明显改善。这个方法的缺陷是成本高，也不能对大范围蓝藻进行处理。

第七，工程疏浚法。即引入活水，如长江水，利用大水量将蓝藻连同发臭的湖水冲进海洋。优点是能够对大面积蓝藻进行治理，缺点是没有从根本上治理，是将污染转移到别的地方，不宜大规模提倡。

应当说，上述治理方法都是在末端上采取措施，是治标不治本的"下策"，滇池污染花费48亿治理失败，就说明人工治理是非常局限的。采取以邻为壑的水冲做法，也只不过将污染转移到近海而已，由蓝藻变成褐藻，由水华变成赤潮，污染非但没有消除，反而愈演愈烈。科学的治理措施是，下大决心，采取强有力措施，切断工业、生活污水、农田氮磷等污染源，使水体流动起来。待污染源中断后，尊重自然的选择，实行生态自我修复，再辅以必要的人工治理措施。

国外治理水华的成功做法

芬兰是"千湖之国"，在废物的有效控制与循环利用、水资源的可持续管理、空气和水的环境监控、卫星遥控系统等领域都处于世界领先地位。芬兰提倡水资源循环利用和废物有效控制的方法是非常正确的，这个在中国有现实意义，但是，在中国推行的难度非常大。

日本早在1979年就实施湖泊富营养化防止条例，内容已包括工业企业排放管理、含磷洗涤剂禁用、氮磷排放控制等，并明确了县、市、町、村，企业家，县民的责任，十分具体详细。

澳大利亚在河流湖泊富营养化治理过程中采用了整体流域管理模式，其决策不以某个州，而是以整个流域的总体利益为基础。

在美国，为解决流域中各行政区域间的矛盾，湖泊最高管理机构可以考虑由流域内各行政区分别派员组成。例如，五大湖的最高管理机构就是国际联合委员会。委员会由美国和加拿大政府各委派3名代表组成，委员会下面再设立为委员们服务的具体工作班子。此外，在控源政策的实施过程中，寻求当地民众的支持也相当重要，一旦当地农民理解了土壤磷固定作用对湖泊富营养化控制的意义之后，执行情况就顺利得多。圣约翰斯河水资源管理局主要制定了4项恢复措施，包括降低外源磷输入、建造人工湿地、生物防治、水生植被恢复等，在治理过程中外源性磷的削减被认为是水体透明度提高的主因，随后生物操纵法的效果显现，水生植被也能够长期生存，湖泊水体叶绿素a也从120μg/L（微克/升）下降到了50μg/L。

美国的这个做法对于中国有重要借鉴意义，然而，成功实施的前提条件是先切断营养源，尤其是磷。太湖以及其他大湖泊如滇池等，在没有采取断源的前提下只用美国人的做法（实际上是全球做法），不会有什么效果。化学的办法有时会雪上加霜。遗憾的是我们采取的化学办法多，因为决策者理工科出身的多。中国的现实是，头痛医头，脚痛医脚，国家经费在上层被分解，最需要经费和最直接参与的弱视群体，如农民得不到好处，只好继续制造污染。工厂则与政府捉迷藏，甚至政府与企业同流合污，放任污染。

慎提蓝藻产业化

蓝藻含有丰富的维生素、多种微量元素、重要氨基酸、碳水化合物和酵素。蓝藻含有至少60％的植物蛋白，而这些蛋白经过蓝藻的分解，因此更容易被人体吸收。蓝藻的蛋白质含量比任何一种食物都要高。蓝藻还含有重要脂肪酸、亚麻酸、脂质、核酸（脱氧核糖核酸和核糖核酸）、维生素B群、维生素C、维生素E和植物元素，如葫萝卜素、叶绿素（血管的"清道夫"）和藻蓝素（一种能抑制癌细胞增长的蛋白质）。通过一定的技术可以利用蓝藻制作食物，蓝藻食物营养十分丰富，被称为"益生食品"和"超级食品"。

另外，蓝藻藻体内含有大量的氮磷等营养物种，本身就是很好的肥料，可以利用蓝藻制作肥料。但是，从水华中提取的蓝藻制作食物需要小心，因为水体中还含有重金属、蓝藻毒素等有害物种，不能进入食物链。制作肥料是可以的，所需技术是将蓝藻有效絮凝、沉降，并辅助以常规的肥料制作技术。其实，一些地方的农民就将蓝藻打捞后给农田施肥，采取的就是最简单的办法。

防止蓝藻危害和水体富营养化的对策建议

造成河湖污染的原因很多，但主要有两个方面：首先是沿流域的工业污水排放，各种垃圾未能集中处理；其次是农田使用大量化肥和农药，这些污染物随雨水流入河湖。在饮用水源头，经常看到垃圾随处堆放，不能集中处理，特别是发达的餐饮业的残羹剩饭乱倒，长期下来酿成了水体富营养化。更严重的是，一些露天厕所，如几百人甚至上千人学校的粪便不经过处理，直接排放河道（北京密云水库上游就采取这种方法），就会随雨水排入河湖，造成水体污染。在城市里，一些老城区排污管道和雨水管道共用一条。一到雨天，尤其是大雨天，这种"同流合污"管道就会将大量的污水排入河湖，导致水体富营养化污染。

要从根本上治理蓝藻污染，必须从源头上下工夫，即杜绝蓝藻的营养，"饿"死它们。当然，我们不能也不可能消灭这个物种，因为蓝藻毕竟是固氮低等植物，它们有办法生存。磷的大量增加是个很严肃的事情，洗涤剂和化肥中大量的磷进入水体，也在很大程度上加速了蓝藻暴发。

治理蓝藻，要源头控制，不是末端治理。如在上游将千人的学校粪便收集起来，发展百亩有机种植园，就可以将面源污染有效控制，并升值几倍，而这些粪便常年进入湖泊，再治理，费用就是成千上万倍了，且难以奏效。其他建议如下：

一是上游工厂关停并转，污水严格达标排放或零排放。二是上游小城镇和小城市上马污水处理厂；上游村庄发展沼气村落，使人畜粪便不露天，不下水，无蝇化，有机肥料直接返回农田。三是改变经济发展模式，加大环境保护力度。四是在考核官员时，将环境保护效果与其他政绩结合起来。五是恢复天然湿地生态系统，在重要流域退耕还湿，恢复天然湿地植被，拒绝引用外来入侵物种，尤其在防治水体蓝藻污染时，要避免二次污染或生物入侵。六是政策补偿，平衡利益。发展替代生计，将治理费用的一大部分用来发展上游"断源"的替代生计，引导农民致富和城市理性消费，保护生态环境。

当生命之水成为产业

一方面，生命之水成为产业，

另一方面，

生命却因生态失衡因水丧生。

2011年春节回老家，看到草房都不存在了，换上了清一色的瓦房。空气清新依旧，晚上睡觉很香，白天不午睡也有精神，大概是空气和食物还算新鲜的缘故。饭后喝茶，家人往水里放糖。我纳闷，一问得知，井里的水已经不甜了，有股子苦味。为了能够喝上"甜水"，同族的兄长要推车到三里外的"泉子"里去打水。

同族的一个乡亲发了财，他在山上承包了一个泉眼，经过简单的处理，生产瓶装矿泉水，每天发两辆大车分别去临沂和济南，卖给城里人，生意很红火。他非常得意地告诉我，北京的超市里也有他生产的矿泉水。

老家的水是被化肥和农药污染的。化肥用得太多了，每亩要上六袋子(300千克)。农药打得更勤，乡亲们说以前打一遍药就能够控制虫害，现在打十几遍还不管用。是药效变了？还是虫子抗药性强了？邻村有个苹果园，果农们常年喝自己污染的地下水，得癌症死了十几个了，可见药是越来越毒了。药力够劲了，可虫虫们与人类斗争的"信心"也更足了，因为农民们并没有消灭害虫，也不可能消灭害虫。河流污染了，地下水污染了，卖矿泉水的和打深井水的发了财。

矿泉水1~3元一瓶，合1~3元一斤；桶装矿泉水10~15元一桶，合0.5~0.75元一斤。水的价格超过了牛奶，令内蒙古的牧民非常羡慕：他们生产的纯生态的牛奶每斤卖不上7毛钱，而淡水，十几年前还是掬起来就喝的免费资源，今天却成了名副其实的商品。

大葱、大蒜、生姜号称"三辣"，山东省贡献了全世界"三辣"的30%~50%。以"大葱蘸酱"闻名的山东人自豪地宣布这一成果的时候，山东的乡亲们却喝上了苦涩的咸水，他们不明白甜水是怎么变苦的。山东有两个县号称"大蒜之乡"，那里的地下水亚硝酸盐超标严重，可每年蒜农们还是往地里猛施化肥和农药，因为只有这样土地才能够生产钞票。使用的化肥中，只有不到四成给庄稼"吃"了，六成多"贡献"给了地下水。年复一年，水只能变苦变咸，常年饮用就生怪病。大蒜之乡的人只能抽地下水喝，采到一千多米深，买水的人排起了长龙。

据国家环境保护部统计，我国有三分之二的水系已经成为劣五类水，三亿多农村人口喝不到安全的水。城里人喝的桶装矿泉水，农村人可喝不起，他们只能喝被污染的水。山东有条河流污染了，下游的很多人得怪病死去；山西有个村成了"癌症村"；河南淮河流域某县的儿童从见天日以来没有见过"天"水，他们以为水的颜色是黑的。那些喝污水死亡的老人的殉葬品竟然是一瓶透亮的矿泉水！闽南某生产著名运动鞋的乡镇，河里淌着臭水，连老板都不愿意回当地。

一方面，生命之水成为产业，另一方面，生命却因生态失衡因水丧生。2005年6月10日，一场突如其来的大水，夺取了黑龙江省宁安市沙兰镇中心小学88名小学生的幼小生命。看到图片上孩子们绝望中留在墙上的小手印，人们的心震颤了。表面看，那些小生命是被平时看似柔软的水"变暴"后而夺去的，可洪水为什么会"暴怒"呢？这与生态环境的退化有着直接的关系。

生命之水的颜色由清变黑，或者变黄的同时，乡亲们和孩子们付出了生命的代价。水成为产业，富裕了少数企业，少数人，可大部分人却成了受害者。有钱人赚足钱走人，污染留给了当地人，水土流失留给了下游的人们，也永远留给了子孙后代。

为什么四百万人等水喝

地震、海啸、飓风等突发环境事件是人类所无法预料的，
但是环境污染事件是能够预料的。
将化工厂建在几百万人饮用水源的上游，
本身就犯了常识性的错误。

2005年11月13日，吉林石化公司发生爆炸事故。苯类污染物流入松花江，造成苏家屯段硝基苯浓度超标28倍。拥有400多万人的哈尔滨市一度出现了水恐慌：饮用水被抢购一空；24日零时起哈市下令关闭取水口，停水4天；所有洗车、洗浴行业全部停业；从河北紧急调运700吨活性炭处理污水；从大庆紧急请来专业队五打井948眼，这些措施都是为了恢复哈尔滨的正常供水。400万人等水喝，这在新中国历史上还是头一次。

为避免造成公众恐慌，当地政府不及时发布污染信息，寄希望于"通过丰满电站开闸放水，将受污染的江水稀释到达标水平"。他们盼望大流量的清洁水将污染物冲淡，以便"大事化小，

小事化了"。殊不知，这样做将治理的难度加大了。如果救火的时候考虑到不让高浓度污染物流进江中，就不可能发生这么严重的水污染。对待进入环境的有毒物质，用水冲洗、稀释，不是治理污染，而是制造新的污染。进入松花江的硝基苯"不争气"，偏偏被国家环境保护局监测出来了。类似事件其他地方也出现过，如几年前南京曾有人偷盗了一罐氰化纳，后来发现不是他们想要的东西，就随手扔在路上导致泄漏。结果有关部门也是将氰化纳往路旁的水塘里冲，整个水塘被污染。本来只需几桶土就可以处理的事故，放大到以成百上千生命受危害的高度代价(氰化物是高致癌物质)。因此，绝不能采取不负责任的做法稀释污染物，造成治理难度扩大化。

然而，就是这么一条极不负责、将环境污染扩大化的做法竟然有人为之唱"赞歌"！有人还撰文"放水冲刷松花江，水坝、水电站凸显生态保护功能"。说什么"为了缓解江水污染情况，稀释污染物、用大量洁净的江水冲刷被污染江段，是消除污染影响的最有效措施之一。为此，上游的丰满水库加大放水流量，目前已经达到了1000立方米／秒以上，此外，今年9月15日下闸蓄水的尼尔基水库也把放水流量提高到120立方米／秒，大量洁净的水体将大大缩短清除松花江污染水体的时间"。文章作者"沾沾自喜"地声称这一壮举的前提，"就是因为我们已经建立了尼尔基、丰满等水电站，可以对江水的流量进行人工调控"。其结论是"放水冲刷松花江的现实，凸显了水坝、水电站生态保护功能，这已经再一次用事实说明'水坝只会破坏生态'的反坝宣传，是一种阻碍社会进步、反对人类文明的谣言"。

真是不打自招。中央正拟对掩盖松花江污染、并错误地放水释放污染物的当事人给予严惩。因为，当事人开闸放丰满电站水库清水，试图稀释松花江污染物，结果造成治理难度加大，造成哈尔滨400万人水恐慌，并由此引发了我们的邻居俄罗斯向中国索赔，我国政府也不得不向邻国道歉，使本来为国内的污染事件国际化了。文章作者是自称"人类文明"代表的某水电专家，由此可以推断，该专家极力支持的怒江水电开发是否也出于一种"一旦事发"后，"一冲了之"或者"一走了之"呢？如此上马的怒江大坝，就不能不让我们不捏一把汗。

空气、水、食物这些看似最平常不过的东西，紧张起来的时候比什么都重要，因为它们关系的是活生生的人命。53年前，英国伦敦烟雾事件使4000人丧生，其元凶是空气中过量的二氧化硫让人"喘不上气"来；50年前，日本熊本县水俣市甲基汞工业废水污染不仅毒死了大海中的鱼类，而且使食用这些鱼类的上万人生了一种可怕的怪病：手脚麻木，哆嗦，头疼，耳鸣，视力减退，听力困难，言语表达不清，动作迟缓，失去味觉嗅觉乃至死亡，致死者超过1400人；20年前，前苏联切尔诺贝利核反应堆爆炸造成31人死亡，数万人遭散。吉林石化双苯厂爆炸，浓烟滚滚过后，漂在松花江上的硝基苯，虽未造成直接的人员死亡，然下游四百万人受灾，这在全球恶性污染事件中也算够严重的了。即使苯在常温下极易挥发，但有些苯的合成物如五氯硝基苯，却不溶于水，对水体环境有严重危害。因此，吉林石化带来的并不是简单的哈尔滨停水数日，更重要的整个松花江的生态被破坏，可能几年甚至几十年内都很难恢复。

其实污染爆炸泄漏事件的影响是完全可以减少损失的，只是有关当事人"欲盖弥彰"，才造成了事态的扩大化。事故发生当天的新闻发布会上，石化公司有关负责人以"到目前为止，未造成大气污染"对此恶性事故"轻描淡写"而对水体是否被污染，却只字不提。吉林市的负责人向媒体信誓旦旦地"保证"：根据专家检测分析的结果，爆炸不会产生大规模污染，整个现场及周边空气质量合格，没有有毒气体，水体也未发生变化。这种不负责任的结论是哪些专家检测的？殊不知，那些污染物一旦释放到环境中去，并不像某些水电专家想的那样"美"，污染不是那么容易被"化"掉的。

吉林石化公司双苯厂爆炸事故不仅是生产安全事故，而且派生出环境污染，下游的哈尔滨早就该对此引起高度警惕。然而，哈尔滨有关部门同吉林政府一样，明知道江水受污染，但以事件可能引起恐慌为理由，决定隐瞒真相，对外宣称停水只因"维修管道"，同时命令武警进入戒备状态，提防社会不稳。最终因为理由牵强，"纸包不住火"，才公开真相。实际上，有关水污染的"小道消息"早就在哈尔滨市民中传开，部分市民陷入恐慌，抢水、抢食物的人群拥进超市，手机通讯也一度"瘫痪"。后来再采取应急机制，应急的"成本"明显增大了。以"防恐慌"造成"更恐慌"。

地震、海啸、飓风等突发环境事件是人类所无法预料的，但是环境污染事件是能够预料的。将化工厂建在几百万人饮用水源的上游，本身就犯了常识性的错误。当然，吉林石化是20世纪50年代苏联专家帮助我们设计的，但是，当代人运行这个随时都会发生问题的"庞然大物"时有没有考虑到危害性？应急的方案是什么？全国这些"明知山有虎，偏向虎山行"的工程还有多少？湖北某市将千万吨的乙烯裂解厂建在城市的上风向，是不是又犯了常识性的低级错误？从黑龙江省和哈尔滨市两级政府的临时应急举措看，这次事件得到了比较稳妥的化解，但潜在危机仍在。在几百万人的大城市上游建造污染企业，不管是百年一遇，还是千年一遇，都要考虑到其随时都有暴发危机的可能性。这些环境保护上的常识性错误用几百万人的恐慌来验证，未免太严酷了。

　　松花江水污染事件暴露的仅是我国环境污染事件的"冰山一角"。随着经济的高速发展，加上以往对环境保护重视力度不够，我们的生态环境出现了很多问题，处理不好就会严重制约经济的快速发展。我们的人均GDP刚过1000美元，就出现了全国近三分之一的土地被酸雨污染；三分之一的城市居民呼吸不到干净的空气；三亿多农民喝不上清洁的水。难道这个严酷的现实还不能唤起我们对环境问题的高度重视吗？

对无锡"水荒"的深层思考

在普通人眼里，污染是自己的事情，治理是国家的事情，
甚至他们根本没有想到地处江南水乡的人会没有水喝；
在企业家眼里，交罚款比上污水处理设备合算得多。

2007年，以经济发达闻名全国的江苏无锡市闹起了"水荒"：饮用水大面积污染，个别地段自来水都不能洗脸；水质黏稠，带有极强的刺鼻腥臭味(甚至空气中都弥漫着臭味)。一时间，饮用水告急，市民纷纷抢购矿泉水。

据分析，那次"水荒"因太湖蓝藻突然暴发所致，如鼋头渚景区的碧水已经变成绿水（蓝藻的颜色）。太湖水已经臭了好长时间了，尽管采取了治理措施，但由于长期以来人们对太湖"生态欠账"太多，最终导致了江南有史以来最严重的自来水污染事件。然而，这个事件是偶然的吗？

无锡"水荒"是长期以来，人们只重视经济发展，忽视环境保护，所积累"灾难"的一次总暴发。如我们不及时采取果断措施，即改变经济增长模式，改变环境治理思路，今后这样的恶性事件还会"层出不穷"。

我国七大水系中近一半河段严重污染，水体污染小河重于大河，北方重于南方。据估计，全国有7亿人饮用大肠杆菌超标水，1.64亿人饮用有机污染严重的水，3500万人饮用硝酸盐(严重致癌物质)超标水。

太湖蓝藻暴发和云南滇池"水华"形成的原因是一样的，这就是陆地上大量的氮、磷等营养物质在湖水里集中，以蓝藻、裸甲藻为主的水生植物大量繁殖，导致水中氧气缺乏，鱼虾类死亡、水体变臭。城市居民直排生活污水、农田化肥、农药污染，尤其工厂不达标排放是造成水体"富营养化"和水体变臭的根本原因。

2007年，我曾领导5人小组在无锡五里湖参加国家863计划《太湖水污染控制与水体修复技术及工程示范项目》下属的子专题研究，该项目由国家投资，应无锡人民政府邀请进行太湖湿地生态修复。是时，无锡市投入了大量经费，请美国人设计方案，对湖滨带进行整改，清理了一些废弃鱼塘；采用了梅梁湾水源地水质改善技术、河网区面源污染控制成套技术、重污染水体底泥环保疏浚与生态重建三大技术。科学家和地方政府共同努力，试图修复被长期污染的太湖湿地。如今，这个投资2个多亿的科研项目获得了国家验证，研究成果可谓丰硕，我的大名也在"功臣之列"。可2007年太湖蓝藻暴发，我顿觉如芒在背。

实际上，我在太湖开展课题期间，就曾对"边治理，边污染"的效果产生过怀疑。尽管国家和地方政府投入了近20亿元的治理费用，但是，你治你的，我污染我的。我在现场看到，太湖边的居民将粪尿、洗衣废水等直接排入太湖；园林工人在岸边喷洒农药，后被雨水带到湖里。这还不包括上游大量的工厂、农田，居民对大太湖排放的污染物的行为。同样是一盆水，你在下游或局部治理，我在上游或其他地方排放，结果最终还不是一样的吗？在普通人眼里，污染是自己的事情，治理是国家的事情，甚至他们根本没有想到地处江南水乡的人会没有水喝；在企业家眼里，交罚款比上污水处理设备合算得多。长期累计的后果就江南水乡"水荒"悲剧。

地处长江三角洲的太湖带来了太湖流域的繁荣，创造了占全国国内生产总值的10％、财政收入16％的奇迹。但是，由于

"重经济发展，轻环境保护"，太湖湖泊生态系统结构已遭受空前破坏，连续多年发生了湖泊萎缩、功能衰退、水质污染、湿地减少等现象。无锡"水荒"就是对我国环境保护敲响的又一次警钟。

第六讲

回归的草原——请让大自然独处

.
.
.

珍惜天堂草原

草原在地球上存在了几万年，

在调节气候、涵养水源、保持水土、防风固沙上具有重要作用，

必须予以保护。

　　草原是十分重要的陆地生态系统类型，其总面积约占地球陆地面积的40％。草原分布的植被类型是以草为主，间以少量灌木，乔木非常稀少。草原分布的地方，土壤层薄，降水量少，木本植物无法广泛生长。在欧亚大陆，草原分布西自欧洲多瑙河下游起，经罗马尼亚、原苏联、蒙古，直达我国境内，形成世界最宽广的草原带。在北美洲，由南罗斯喀撒河开始，沿经度方向，直达雷达河畔，形成南北走向的草原带。在南美洲，主要分布在阿根廷及乌拉圭境内；在非洲，主要分布在南部，但面积很小。人类从森林走出后，最直接利用的对象就是草原，畜牧业是草原的主要产业。受工业化和全球市场化影响，全球的草原面临严重的退化问题，尤以我国为甚，草原恢复与保护任务非常艰巨。

"天苍苍，野茫茫，风吹草低见牛羊"，在草原行走，感觉天就在前边不远处，可越走就越感觉走不到头。那些小草手牵着手，延绵至天际，构成了地球陆地生态系统的重要景观。草原是什么？它们是从哪里来的呢？

草原是大自然"冷静"的杰作，春季少雨、夏季温湿、冬季寒冷的气候条件，造就了草原。在历史时期，目前的部分草原是被森林覆盖的。在今天的草原上，能够开采出煤矿，就说明当时的草原是为高大的乔木所覆盖的，煤炭是木本植物的化石。

远在7000万年前，我国的地理轮廓与现在大不相同。当时，一些高山和高原尚未隆起，西部的中亚细亚平原和青藏高原地区还是一片汪洋；新疆准噶尔盆地、塔里木盆地以及青海柴达木盆地携手相连；而亚热带的北界在北纬42°左右（现今北纬33°左右），年平均气温比现在高9~18℃。在东半球，由于东西伯利亚与阿拉斯加尚未分离，北方冷空气无法侵入，致使中国的东部地区完全受太平洋暖流和东南季风的影响。冬季暖而湿润，夏季热而多雨，到处都是林木葱郁的森林景色。

后来，地壳发生了很大变化，从南半球冈瓦纳古陆分裂出来的几个陆块，不断向北漂移。到距今4000万年左右已漂到北纬20℃，与欧亚大陆直接相连，古地中海则分成东西两段退出青藏地区。同时，中亚的地壳也受到冲击和挤压而抬升为陆地，与新疆相连。西北诸大山系的隆起，海水从中亚的退却，使这里的大陆性气候不断加剧。森林的范围越来越小，最后连稀树草原也逐渐地被荒漠草原所代替。

至距今250万年时，地壳水平运动仍未减弱。在中国西部，由于喜马拉雅山、昆仑山、天山、阿尔泰山和青藏高原不断隆起，阻挡了北大西洋和印度洋暖湿气流的东进，加速了中国西北干旱区的形成；准噶尔盆地、塔里木盆地和柴达木盆地的相继分离，沙漠的出现，又使植物向旱生化方向迈进了一步；加之同期气候出现波动，时冷时热，冰川也广泛生成。气温普遍下降10℃之多，冰期比间冰期又下降6~10℃，森林逐渐让位于草原和荒漠。

在距今250万~150万年，森林迅速转变为森林草原和空旷的草原。从前大部分喜热植物种在冰川期已逐渐绝种，而北方草本植物种却大量出现。柴达木盆地和河西走廊也变成了麻黄、藜科、蓼科、豆科、菊科、百合科、禾本科和莎草科等植物组成的草原，并进一步向荒漠类型发展。同时，由于中亚已经抬升为陆地，起源于非洲干旱地区的植物区系如柽柳、白刺等，便从中亚侵入我国干旱区，局部地区出现盐生灌丛。从此，草原得到了发展和加强，而森林则退缩到相当高度的山地上。

这一时期中国东部地区，也因受印度板块和太平洋板块运动的影响，大小兴安岭、秦岭、太行山等山脉已初具雏形；东部临海地带和贺兰山、六盘山东侧的内陆也逐渐抬升，陕甘高原、内蒙古高原、黄土高原相继形成。这时，全国的地貌轮廓基本上接近于今日的面貌，为中国草原的形成和分布奠定了地理基础。

由此可见，草原是由独特的气候、土壤、生物因子等共同作用所形成的。其中，大气温度和降水占主导地位，并对其他因子产生重大影响。在草原上，光照、二氧化碳都不是限制因子，而水热条件，尤其水热组合，最能反应草地生态状况。中国温带草原的年积温在3700~5000℃，年降水量 250~450mm。

将年降雨量/0.1×年积温，得出中国草地的湿润度为0.67~0.9。从全球范围内看，草原分为干旱(0.28~0.85)、微干(0.85~1.81)类型。即使中国的草原面临季节性干旱胁迫，我们依然比真正的地中海草原具有十分有利的条件。中国草原是雨热同期，而地中海附近、美洲、非洲的部分草原，雨热出现的最佳时期是冬夏季，那里的雨和热是分离的，是真正意义上的干旱区或半干旱区。

草原上的生物

狭义的草原，也有人称为典型草原。Steppe，翻译为大草原，源于拉丁文Stipa，是针茅属的属名。针茅是内蒙古高原草原Steppe特有的建群种、优势种。这类草原从匈牙利开始，一直延绵到中国的呼伦贝尔，形成了约8000千米的草原带。针茅包括西伯利亚针茅、大针茅、小针茅、禾草，除了针茅、羊草等近几百种低温、旱生、多年生草本植物，都是草原上的常见植物。除了禾本科植物，草原上还混有多种双子叶杂类草，如豆科、菊科植物等。

广义的草原，还包括草原上水分条件较好的草甸。草甸分布范围很广，陆地上只要有浅层水的地方都有这些类型分布。草甸草原是草原中较湿润的一种类型，常混生大量中生或中旱生双子叶杂类草，以及根茎禾草和苔草。莎草科、豆科、菊科、藜科植物等占有相当比重。在水分条件更好的草甸草原上，分布有大量的有花植物。这类草原夏季非常漂亮，有人形象地称之为"五花草甸"。在河漫滩、湖泊四周、河道两岸滩地、山麓河道谷地，由于长期洪水泛滥，泥沙淤积，或河水溢出河床，泥沙沉积，形成了大面积或狭长的平坦草地，这样的环境并不缺水。草甸植被以水生、湿生植物为主，主要有芦苇、莎草科植物、菱草、水蓼、鸭跖草、双穗雀稗、长芒稗，以及大穗结缕草、獐茅、盐蒿、碱蓬等。

随着海拔升高、温度降低，草甸中的单子叶植物多为嵩草类或苔草类，构成了高寒草甸景观；以及非常耐旱的荒漠草原等。从这些名称即可看出，这些草原的景观不同，构成草原的物种也出现了很大变化。

在海拔4000米以上的高寒、干燥、强风条件下，发育而成的植物，是以寒旱生、多年生丛生禾草为主的，该植被型草地称为高寒草原。青藏高原北部、东北地区、四川西北部，以及昆仑山、天山、祁连山上部，经常见到垫状植物、匍匐状植物和高寒灌丛，地梅、蚤缀、虎耳草、矮桧等为高寒草原的常见种类。

荒漠化草原则由强旱生丛生小禾草组成，并大量混生超旱生荒漠小灌木和小半灌木。植被具有明显旱生特征，组成种类少，主要由针茅属的石生针茅、沙生针茅、戈壁针茅，蒿属的旱篙子蒿，以及无芒隐子草等。

在全球分布的草原中，还有一类热带稀树疏林草原。我们不具备这种类型，但我国的浑善达克、科尔沁、毛乌素、呼伦贝尔四大沙地，约15.6万平方千米，相当于英国陆地面积的60%，在保护良好的状态下，构成了类型非洲的"萨王那"景观，我们称之为温带稀疏树林草原。

草原植物多具有旱生结构，如叶面积缩小，叶片内卷，气孔下陷等。地下部分发达，其郁闭程度常超过地上部分。多数植物根系分布较浅，集中在0～30厘米的土层中。草原建群植物生长、发育的盛季在6~7月，以营养繁殖为主。不少植物的发育节律，随降水情况发生变异。

与草原相伴而生的还有大量的动物，以反刍动物和部分肉食动物为代表，以黄羊、狼、鹤、天鹅、鹰、鼠、兔等动物为主。在这些物种中，有些被人类视为有害动物，如草原上栖息着170多种啮齿目动物，其中形成鼠害的常见种类有80多种，如田鼠、鼢鼠、黄鼠、沙鼠、旱獭等。草原昆虫以植食性为主，也是草原食物链的重要一环。中国草原上的虫害以各种蝗虫、草原毛虫、草地螟、草原叶甲虫等为主，其中蝗虫多发生在新疆、内蒙古等干旱、半干旱区草原上。草原上，牧民饲养的五畜（绵羊、马、牛、骆驼和山羊）也是草原动物的重要组成部分。开阔的草原适宜善于游走或奔跑的大型植食动物生活，如野驴、野牛、骆驼、黄羊等。以穴居为主的啮齿类动物也是草原上常见的第一性消费者。

草原的生态功能

作为陆地上重要的绿色生态系统，草原具有多种生态功能，有以下几个方面：

第一，固定二氧化碳，提供氧气。通过光合作用，草原植物可吸收大气中的二氧化碳并放出氧气。平均25平方米的草原就把一个人呼出的二氧化碳全部还原为氧气。草地生态系统中的植物、凋落物、土壤腐殖质构成了系统的三大碳库，是全球碳循环中的重要环节，对全球气候具有重大影响。

第二，过滤有害物质，净化空气。草原被誉为"大气过滤器"，发挥着改善大气质量的显著作用，为人类提供舒适怡人的生活环境。草原植物可以吸收、固定大气中的氨气、硫化氢、二氧化硫和汞蒸气、铅蒸气等有害有毒气体，减少空气中有害细菌含量，并可过滤、吸附、空气中的尘埃，有效减少空气中的粉尘含量。据研究，草原上空的粉尘量仅为裸地的1/3~1/6。

第三，防风固沙，稳定陆地表土。草原是陆地上重要的绿色植被覆盖层，广泛分布于陆地表面。草原植物对风蚀作用的发生具有很强的控制作用，寸草能遮丈风。据研究，当植被盖度为30%~50%时，近地面风速可削弱50%，地面输沙量仅相当于流沙地段的1%。如果在干旱地区建立与风向垂直的高草草障，风速要比空旷地区低19%~84%。草原植被贴地面生长，根系发达，能覆盖地表，深入土壤。

第四，涵养水源、防治水土流失。草原具有良好的拦截地表径流和涵养水源的能力。草原植被可以吸收和阻截降水，降低径流速度，减弱降水对地表的冲击，并渗入到地下，形成地下水。据研究，天然草原不仅能截留可观的降水量，而且因其根系细小，且多分布于表土层，因而比裸露地和森林有较高的渗透率，其涵养土壤水分、防止水土流失的能力明显高于灌丛和森林。这是由于草原植物具有发达的根系，具有极强大的固土和穿透作用，能有效增加土壤孔隙度和抗冲刷、风蚀的能力，有效降低水土流失和土壤风蚀沙化。

第五，保护生物多样性，为人类社会可持续发展提供大量种源。我国天然草原有野生植物1.5万种，冬虫夏草、雪莲等珍稀濒危植物数百种，植物种类占世界植物总数的10%以上。已知的草原饲用植物有6352种，其中包括200余种我国特有的饲用植物。

草原上的药用植物多达6000种。有野生动物2000多种，草食家畜300多种，其中野骆驼、野牦牛、野驴、藏羚羊、白唇鹿等40余种被列为国家一级野生保护动物。

草原的生产功能

草原还具有十分重要的生产功能，即可为人类直接提供食物，满足人类物质生活的需要。以草原为基本生产资料的牧业，可为人类提供大量的肉、皮、乳、毛、绒，改善人类的生活条件，丰富人们的物质生活。内蒙古呼伦贝尔、锡林郭勒、科尔沁、乌兰察布、鄂尔多斯和乌拉特6大著名草原，生长着1000多种饲用植物，其中饲用价值高的就有100多种，尤其是羊草、羊茅、冰草、无芒雀麦、披碱草、野黑麦、黄花苜蓿、野豌豆、野车轴草等禾本和豆科牧草，是著名的优良牧草。肥美的草原，孕育出丰富的畜种资源；充足的日照，更有利于植物的光合作用；丰富自然的植被食物链，尤其是独特的饲草饲料资源，富含奶牛所需的粗蛋白、粗脂肪、钙、磷等多种营养素，为奶牛提供了最优质的营养。

我国有各类草原60亿亩，约占国土面积41％，是耕地的3.2倍，草原本应在维护国家生态安全和食物安全方面发挥主导作用。遗憾的是，目前我国草业的生产方式落后，生产功能低下，畜牧业占农业总产值的比例较低，如内蒙古、新疆、四川、西藏、青海、甘肃等六大牧区，土地面积占全国的59.4 ％，但畜牧业产值仅占全国畜牧业产值的16％，占全国农业总产值的5％。从这组简单的数据不难看出，我国草地的生产功能并没有发挥应有的水平。

从生产功能来看，我国60亿亩草地仅承载1.6亿人口，而18亿亩耕地却供养着近8亿人口，并为4亿城市人口提供绝大多数的粮食、蔬菜、肉、蛋、奶等；全国耕地生产的地上生物产量（秸秆+粮食）高达12亿吨，而草地生物产量仅3亿吨，为农田的25％。测算表明，我国草地的生活供给能力仅为耕地的4％~5％；如果将其提高到耕地的10％，那么就相当于新增"耕地"6亿亩，能养活3.5亿~4亿人。因此，我国草地的生产潜力巨大。

退化草原的恢复

从北京向北，约180千米的地方，有一片很大的沙地草地，面积5.3万平方千米，这就是浑善达克沙地。在沙地腹地，有个叫巴音胡舒的嘎查(蒙古语，村落)，这里的草丛高度带1.43米，鲜重达5300斤/亩；滩地草丛最高达1.85米，生物量超过鲜重6500斤/亩；自然生长的榆树高度已达5~8米。许多地段植被甚至实现100％恢复，已形成稳定的群落。与对照组相比，固定沙丘生物量提高了3.8倍，丘间低地提高9倍。野生动物也得到了自然恢复，野兔、沙狐、大雁、灰鹤甚至狼，又回到了这片久违的土地上。

　　然而，就在15年前，这是一片严重退化的沙地，退化到牲口啃食沙地榆的枝条叶，只能在局部见到小小的草皮，大片的黄沙地带已经与真正的沙漠相差不远。当地的牧民，经常要为牲畜们的食物发愁；冬天因为断草，经常发生牲畜饿死的悲剧。

　　不仅如此，这些轻轻的沙粒经常乘上西北方向吹来的大风，飘到北京、天津、山东、上海，乃至全国各地，成为威胁交通安全和人体健康的沙尘暴。严重的时候，这些沙粒甚至可以飞越1300千米的日本海，成为日本媒体新闻报道的题材。严重的沙尘暴惊动了中国国务院的领导。当年国务院总理带领的考察车队中，还有一支来自中国科学院的科学家队五，我也在那支队五里。从那时起，我带领自己的课题组进驻浑善达克沙地，在那里与黄沙进行了整整十年（2001~2011年）的艰苦斗争。为了治理严重沙化的土地，恢复当地生态，我们尝试了各种方法，最终真的在一片黄沙的土地上，恢复出了本来的草地生态系统景观。

　　项目区位于内蒙古自治区正蓝旗巴音胡舒嘎查，有72户牧民，288口人，面积12.6万亩的沙地草场，含有流动沙丘、半固定沙丘、固定沙丘、滩地、湿地5种景观类型。我们选择了严重退化的4万亩土地进行试验。

　　经历了最初几种方法的失败后，我们提出"以地养地""自然恢复"的全新治理思路。我们划出退化土地中的1000亩作为高效地，占4万亩土地的2.5%。在高效地上，我们进行集中投入，打井、灌溉、架电、修路，为牲畜种植高效饲料，发展集约型畜牧业。这些投入使高效地成为当地居民生产和经济活动的中心。剩余97.5％的土地呢，我们把它划为封育区。在封育区，不进行植树、灌溉等大规模投入，主要投入是建围栏，实行休牧，控制牲畜对草原的破坏，使沙地借助自然力恢复。为防止沙丘流动对周围区域造成的破坏，我们在流动沙丘上种植一些灌木或插一些柳条，作为沙障，保护自然恢复的草地。

上述做法取得了很大的成功。过去，一户牧民每年要买2万斤干草。自然恢复试验成功后，牧民每户可以分得7万斤干草，结束了买草的历史。在居民收入方面，控制牲畜量后采取"以禽代畜"的做法，即用鸡、鹅等禽类，替代减少的牛、羊等大牲口。结果显示，草原养鸡的效益高于养牲畜。2007年，牧民那森乌日图养殖400只鸡，净收入7000多元；2010年，他卖掉了所有的牛羊，改为养鸡和发展生态旅游，年收入超过10万元。后来，美国科学杂志对该成果进行了报道，研究成果进入了西方大学教科书。

草原的管理

中国的草原分布面积广阔，包括内蒙古、四川、新疆、西藏、青海、甘肃、云南、黑龙江、吉林、辽宁、河北、宁夏、山西等13个省区的268个牧区半牧区县（旗、市）。有草原，才有畜牧文化，才有与之相关的各项传统。因此，草原的存亡还关系到少数民族文化的存亡。

在基本草原保护区或保护地，不允许开垦草原，不允许改变基本草原的用途。围绕基本草原保护，国家在建设项目审批核准、资金支持、税收减免和金融服务等方面，给予优惠政策，帮助该地区健康发展；加强基础设施建设，改善饮水、交通、用能、通信条件，鼓励牧区特色优势产业发展。

草原在地球上存在了几万年，在调节气候、涵养水源、保持水土、防风固沙上具有重要作用，必须予以保护。基于草原生态系统的特点和广泛调研，我们建议国家有关部门，统一协调和推进草原管理工作；在行政体制机制、土地管理与生产方式、资源开发与利用、人才引进、牧民教育与培训、牧区组织化、税收政策等方面提供特殊政策。具体建议如下：

第一，创新行政体制机制。目前草原管理的很多问题根源在于行政机制方面。要统一协调和推进草原生态的筹建工作，细化草原区规划方案和产业布局，完善核心技术体系，开展生产方式与管理体制创新方面的探索与试点工作。草原管理应由科技、企业管理、政策等方面的专家和当地优秀行政人员组成，决策草原建设的重大事项，制定发展规划和相关政策。

第二，创新土地和草场管理体制，建立新型生产经营和牧区组织体系。开展牧区土地和草场管理体制及牧区组织化创新试点工作。按照统一的土地规划，由特区政府主导，实施新型的土地管理体制，将土地和草场经营权向专业大户、家庭牧场、牧民合作社、大型企业流转，加大对土地和草场的投入和新技术的推广应用，促进牧区劳动力资源向特区新兴产业带转移，实现土地和草场经营的规模化、集约化和专业化。

第三，创新税收政策，完善生态补偿机制。目前，牧区矿产资源国家与地方税收分配政策、草畜产品加工税收政策等不尽合理，难以吸引企业和社会资金到牧区投资，也不能为牧区生产方式创新提供长期的财政和税收保障。草原生态奖励与补偿的法律法规体系还较为薄弱，对利益相关者权利、义务和责任的界定不够明确，对补偿内容、方式和标准缺乏完善的规范，逐渐将草原生态补偿机制，改变成"造血机制"。对于实施草原生态补偿的牧民，应严格春节禁牧，保证草原复苏。

第四，建立优惠的人才政策，加强牧民职业培训。对自愿到草原艰苦地区工作的大学生和研究生等各类人才，以及长期在牧区工作的技术人才和专家提供多方面的优惠政策。选拔具有相关专业训练、管理能力强、有实践经验的优秀人才担任草原各部门的主要技术和管理负责人；聘用优秀大学毕业生担任嘎查（村）、苏木（乡）干部，切实执行草原地区政府的各项决策；建立职业学校（相当于中专或大专），培养新一代草产业工人及技术和管理人员；引领牧区社会事业健康发展，解决牧民就业问题，促进民族团结和社会稳定。

草原造林合理吗

退一万步说，即使把灌木当"林"来造，也不能在草原上搞。

因为只有草原严重退化了，才出现锦鸡儿那样的灌木。

如果在草原上种灌木，那不是帮草原恢复，而是帮草原退化。

长期以来，治理生态退化的思路是以造林为主：始于20世纪70年代末的"三北防护林"工程，定位就是造林；为迎接2008年奥运会而紧急启动的"京津风沙源治理工程"也以林为"老大"；草原上实行退耕还林(还草)，草一直"羞答答"地躲在括号里，只是经专家反复呼吁，草有时才从括号里被"释放"出来。可治理沙尘暴的重担一直落在国家林业局头上，例如国家专门成立的防沙治沙办公室就设在国家林业局。可见在人们的意识里，防沙治沙非林莫属。

有了这样的指导思想，如下景像就不奇怪了：在好好的草原上生硬地挖出许多树坑造林，树林不能成活反而形成人为的风蚀坑；在干草原上，枯死的树木与顽强的荒漠化草原形成鲜明对照；

在浑善达克等沙地上，已经恢复起来的草原上又种上了常绿的獐子松；经常看见人们用汽车、拖拉机或者肩挑人抬浇水来保证种下的树木能够"喝上水"，因为一旦离开了人的呵护，那些树木难逃死亡的命运。

仍然在上述指导思想下，日本人远山正瑛志愿来中国的干旱区种树；美国的公司来兜售他们的"固体水"（保水剂）；某民间组织掀起"万里大造林"，试图将中国的新疆也覆盖上森林。"三北防护林"的目标也是要将草原覆盖上15%的森林！

然而，我们成功了吗？连续几年的沙尘暴肆虐说明了一切。我从1997年进入草原考察，快20年了。公路两旁的杨树依然不争气地立在那里，依然是手指肚粗。其实，"主人"已经换过几茬了，因为树木在草原上是"年年种，年年死"的。我们不禁要问，我们是否陷入了"盲目造林"的偏执？

我国大部分干旱半干旱地区是沙尘暴的源头。从生态功能上看，那里草的作用大于灌木，灌木大于林。现行的做法是，草出了问题，拿林来治；费用分配给林多，灌木次之，草最少。草原上实施退耕换林，"还"林有钱，还草不给钱或给钱少，这样，老百姓就不顾树木能否成活来造林。钱花出去了，林没有活下来，反给沙尘暴帮了忙。

英国和荷兰研究人员在印度、波多黎各、南非和坦桑尼亚进行的一项为期4年的研究发现，干旱区造林不能帮助改善水流和防止土壤侵蚀；树木长长的根系反会加剧干旱区水资源短缺；树叶和树干会大大增加水分蒸发面积。干旱区人工林常常会出现"晾衣绳"效应，就像湿衣服晾起来会比扔在地上干得快一样，造成人工林蒸发到空气中的水分远多于自然植被。这一观点，国内科学家早就在各种场合下提到过，如中国科学院已故院士黄秉维就将干旱区造林形象地比喻成"抽水机"，提出要科学地评价森林的作用，可惜这些真知灼见并没有引起足够的重视。

那么，从科学上来看，草、灌木、林的关系到底是什么样的呢？在生态上，我们用生物量来反映生态功能，其中常用的值就是年净初级生产力，是指植物在光合生产的全部季节里，每年能够固定空气中碳的量。在浑善达克沙地，我们用了两年的时间解剖这个值，发现沙地上年(实际上只有短短三个半月)平均生产力为每公顷10.67吨(包括根系)，其中草贡献了93.3%，灌木6.4%，林只有1.3%。这还是在能够分布沙地榆（乔木）的健康沙地上测定的，如果在纯的草原上，林的贡献率几乎为零。这个结果也和覆盖度的计算结果吻合，在锡林郭勒草原上，我们将浑善达克的稀疏树林包括在内，得出的森林覆盖率只有0.87%。可见，"三北防护林"在草原区域实现森林覆盖率达到15%的目标是根本不现实的。

上述自然规律说明，在沙尘暴的源头干旱半干旱地区，草不但不能被忽视，而且必须被高度重视起来；草原上造林不但不能继续下去，而是要果断停止，省出的大量经费来保护草原进而恢复草原。

　　或问，在沙地或者沙漠上，沙子都流动了，草还能管用吗？在这样的地区当然需要根系强大的灌木或者少量的乔木（如沙地）固定流沙。但是，流动沙丘是草原植被破坏后形成的，20世纪50年代以前的浑善达克沙地的流动沙丘面积只有2%左右。在用人工沙障或者灌木固定后，草的作用仍然非常重要。在西部的严重干旱地区，梭梭、白刺、珍珠等灌木是很重要的，但是，仅有灌木，草不加入进去，也难以固定松动的土壤。灌木（沙地自然分布的乔木也有这个作用）的作用是像钉子那样钉住土壤，草的作用是捂盖，因为草的根是紧密相连的，而严重干旱地区种树则不会奏效，因为根本长不起来。

　　现在有人提出灌木也是林，这似乎可以实现上述15%的"森林"覆盖率。因此，在"三北防护林"四期工程规划中，灌木"林"的造林比重达到了40%。这是典型的偷换概念，灌木不是林，灌木是林的概念不但让生态学蒙羞，更让老百姓笑掉大牙，可我们却堂而皇之写进"国标"，这种悖理的做法正是我国当前生态环境恶化的根源。退一万步说，即使把灌木当"林"来造，也不能在草原上搞。因为只有草原严重退化了，才出现锦鸡儿那样的灌木。如果在草原上种灌木，那不是帮草原恢复，而是帮草原退化。

还草原以本来面目

我们强烈呼吁，

中国的草原应当尽快拆除围栏；

停止在草原上人工造林；

重保护轻建设，解放自然力。

最近出席一个国际会议，来到与我们一"墙"之隔的蒙古国。早就听说那里有上万只的黄羊群，这次见了他们的草原，始信这是真的。这两年，我国北方生态退化和沙尘暴问题异常明显，国家为此投入了大量的资金治理。蒙古国在生态环境保护上的一些做法是值得我们参考的。在连续7天的蒙古之行中，我们发现蒙古与内蒙古在草原利用和管理上有三个明显的区别：

第一，蒙古国的草原是没有一根围栏的。目前他们的土地依然是国有的，土地并没有分给牧民。这样草原依然是联成大片的，传统游牧为主，草原退化程度轻得多；在草原上依然可以看到传统的蒙古包和身着蒙古服装的牧民。草原生态系统是全球最大的连续体，在自然本性上是连续的，是不能分割的。内蒙古的草原自从1982年土地承包后，牧民承受了大量的费用，甚至破坏了大量的天然树木(如据考察浑善达克约三分之一的天然榆树被砍伐) 来建立围栏，这样游人走在草原上再也见不到大面积连续的草原。且不说围栏造成景观的破碎，其直接坏处是：①牲口在固定的地方啃食，加速了草原退化，定居更加剧了这种退化；②牲口游牧的路线被切断，甚至交通路线也因密集的围栏而中断；③隔离了牧民之间的天然联系。有形的围栏，形成了牧民之间无形的隔阂，亲兄弟因为牲口误入对方草地引起口角甚至斗殴死亡的事情也不是没有发生过；④加重了牧民的负担，许多牧民将收入的一半建立围栏，这还不算用来维护的费用。实际上，如果不让牲口啃草，围牲口不是更省事吗？

第二，蒙古国的草原上没有一棵人工造的树。这个发现简直让我震动，他们为什么不建立防护林来阻挡沙尘暴呢？为什么不建立所谓的"绿色通道"在大草原上呢？我向蒙方的专家提出这个问题，实际上回答也是我预料中的，因为首先不能生长；即使生长，与自然景观不协调，他们是不会做的。蒙古国的这种自然观，很大程度上发自他们内心；另外，西方先进的生态理念也发挥很大的作用。他们的部、司级官员大多受过西方教育，自然保护的理念更强。对照我们，与其说是在草原上造林，还不如说是"糟(蹋)"钱。事实上，我们年年在造林，树木年年在死去。一方面，天然分布的沙地榆在无情地被砍伐，另一方面，在那里造可怜的杨树苗；这些树木即使长大后，也不能阻挡沙尘暴，还破坏了天然草地生态景观。

第三，蒙古国的野生动物比家养的动物多。野生动物的大量繁殖得益于蒙古国自然保护意识和法律的强化。蒙古的保护区类型有三种，严格的保护区，自然保护区和国家公园，三项占总国土面积的13%，而严格的保护区占51%。蒙古国的人口大量靠城市发展，乌兰巴托集中了国家近80%的人口，这样自然的压力就大大减少了。在蒙古的草原上旅行，经常看到野马、野骆驼、黄羊、鹰等野生动物。与我们同行的俄罗斯动物专家雷漠诺夫形象地将整个蒙古国比喻为"天然的野生动物园"。蒙古的这种做法在世界上也是先进的。我们知道非洲的肯尼亚是以野生动物保护出名的，蒙古国也正在走"自然保护、生态强国"的路子。在我们下榻的胡斯坦国家公园，来自美国、英国、俄罗斯、德国、法国、加拿大、澳大利亚、日本、韩国等不同国家的游客和志愿者经常出入，他们被这里的野马、野骆驼、黄羊，还有蒙古国传统的文化所吸引，通过媒体、各种自然保护网站介绍，慕名前来。一个小小的国家公园接待处(以蒙古包为主)每年可带来近百万美元的收入。实际上，内蒙古浑善达克沙地自然景观欣赏价值远高于蒙古国的一些著名旅游点，而我们的经营管理是有重大问题的：

浑善达克不幸变成了国家需要投入数十亿元进行所谓"生态治理"的沙尘源。如果拿这些钱的哪怕是10％用来发展高档次的生态旅游，浑善达克生态恢复也会快得多，它将变成中国北方最具魅力的自然与传统文化旅游胜地。在草原生态系统管理上，我们千万不能丢掉自己的优势，否则国际社会就会认为只有在蒙古国才有真草原。因为，你不搞草原保护与生态旅游，人家会搞；你在胡搞，人家头脑清醒得很。

我们强烈呼吁，中国的草原应当尽快拆除围栏；停止在草原上人工造林(对于那些已经造的林让大自然自行淘汰)；重保护轻建设，解放自然力；让那些野生动物尽快回到草原；发展生态旅游，国家的大量投资向社区向小城镇倾斜。这样，既保护(不是建设)了中国北方的生态屏障，又带动了草原地区的经济、社会与生态建设。

"禽北上"可让草原变粮仓

实际上，草原上各种昆虫、草籽、嫩叶、灌木籽、树种，
都是很好的"粮食"。
这些"粮食"人虽无法下口，牛羊也不屑采食，
但两条腿的鸡则非常喜欢。

2008年4月，国务院总理温家宝在主持全国农业和粮食生产工作电视电话会议时强调指出：要充分认识进一步加强农业和粮食生产的极端重要性，进一步加大政策支持力度，调动和保护农民种粮积极性，促进农业和粮食生产发展。

粮食极端重要性不是中国特有。当前，无论发达国家还是发展中国家，粮食安全都是摆在人类面前，比气候变化更加紧迫的挑战。国际货币基金组织总裁卡恩甚至指出，全球范围内的食品价格上涨如同金融危机一样，成为世界经济发展的一个重大问题。从小麦到牛奶，各种必需农产品的价格在世界范围内以空前的速度猛涨，世界各地随时都会出现社会动荡和饥饿，政府不得

不寻求各种措施来降低食物价格。

　　粮食安全这一老话题为什么重新摆上了决策者的会议桌？看一下我国农业生产的严峻现实就非常明白了。农民辛苦一年种植一亩地所得收入不如进城打工一个月多，那么，谁还愿意守在家乡伺候土地呢？从现实利益出发，农牧民纷纷离开效益低下的基础农牧业进入城市，生产的食物少了，市场对食物的需求就会"求大于供"，导致"粮荒之困"难以解围。看来，要从根本上解决粮食安全问题，需要用新思路看待土地的生产功能，增加农牧民收入，以新产业吸引农牧民返回故土。让我们以草原为例来说明这个问题。

　　我国有耕地18亿亩，草原60亿亩。全国消费的粮食基本来自前者，而后者仅贡献了全国不足20％的牛羊。耕地除提供了约5亿吨粮食外，还生产了约7亿吨秸秆，但这一巨大"食物"后备资源并没有得到很好的开发利用。全部草原加起来生物量仅约3亿吨，大量用来放牧，其代价就是草原退化。

　　几千年来，人们潜意识里草原就是放牧的场所，牧民增收就得依靠牲畜头数。过度放牧直接诱发了沙尘暴等生态灾害，迫使国家在草原上实施"减人减畜、生态移民"。草原上也曾出现过垦殖高潮，"文化大革命"期间就提出"牧民不吃亏心粮"，开垦草原种植谷物。遗憾的是，由于草原缺少农区必要的积温、水分、耕作技术，加上强风、干旱、贫瘠，种植的粮食产量很低，有时连种子都收不回来。实践证明，"靠天吃饭"的草原农业是场灾难。

实际上，草原上各种昆虫、草籽、嫩叶、灌木籽、树种，都是很好的"粮食"。这些"粮食"人虽无法下口，牛羊也不屑采食（草叶除外），但两条腿的鸡则非常喜欢。我的研究小组自筹资金在内蒙古正蓝旗巴音胡舒嘎查（村）和山东平邑县蒋家庄丰产林下各开展了养鸡试验。一个生长季节下来，草原上2000只鸡消耗粮食2300千克，而在山东则高达4838千克。草原生态养鸡平均每只可省粮2.27千克，节粮率达52%。省出来的"粮食"完全是鸡从草原上自由觅食来的，是那些虫子、种子和嫩叶换的。全国目前年消耗鸡47亿只，如果北上草原，则仅从鸡嘴里夺粮就可达107亿千克。草原是后备粮仓，但要由鸡去"开荒"。

草原养鸡经济效益也不菲。试验表明，每只鸡在草原上耗粮仅5元左右，不计人工成本，每只净赚15元以上。4户牧民养殖了2000只鸡，净收入3万多元。巴音胡舒嘎查4万亩围封区可承载40万只鸡，该土地可为牧民带来600万元的经济效益，户均8.3万元/年；又因牛羊被鸡替代，草将出现富余，还能为该嘎查带来至少144万元的直接卖草收益。所利用的土地仅为该嘎查72户牧民总土地面积的1/3，其余草地可用来发挥生态功能。生态养鸡可从根本上提高草原牧民收入，带动生态保护，为国家节约大量治理费用。

草原最大的特点是空间大，没有空气污染，且有充足的食物来源，搞生态养鸡，完全可符合欧盟标准。我曾陪同法国某农业公司主管考察了我们在内蒙古的养鸡基地，法国专家经仔细考察论证后，对该项目充分认可，拟在那里生产符合欧盟标准的有机食品并打入北京和国际市场。今后，北京人吃的放心散养柴鸡有望来自大草原。

"禽北上"草原可为当地牧民带来新的就业机会，吸引牧民不离土并为国家生产"粮食"；"以禽代畜"还从根本上消除牲口对草原的破坏，恢复草原，抑制沙尘暴。这一全新做法非常值得国家有关部门去尝试和引导。

保护区为何能抵御自然灾害

30年过去了，草原退化并没有得到有效遏制。

今后应当将草原治理资金和新牧村建设资金集中向牧民头上倾斜，

变破坏力量为保护力量。

2010年7月，我与英国科学家赴浑善达克沙地开展了为期一周的野外工作，所到之地是我们成功恢复的严重退化沙地，位于内蒙古正蓝旗巴音胡舒嘎查。连续10年了，这里的草原保持了较好的长势，野生动物重又回到了那久违的草原。看到大自然的杰作，中外专家们感到由衷地高兴。

然而，保护区外的草原却是一副惨象。2010年的草原又遇到一个大旱之年。从当年开春到7月10日，一场雨也没有下过，之后才开始降水。然而，这场雨来得太迟了，许多生长出来的草本植物已经枯黄，高冈上的一年生草本植物几乎全军覆灭，即使那些非常耐旱的多年生草本植物，也因为天气原因，没有萌发。在浑善达克沙地，只有那些低洼处，还能看见点青草。

祸不单行。天气干旱，草生长不起来，但蝗虫却大量暴发，草原鼠也不甘寂寞，草原管理部门忙得团团转。这就是典型的草原退化恶性"情景剧"：天气干旱造成生态系统初级生产力严重下降，干燥高温适合虫卵发育，蝗虫暴发了，管理部门只好借助飞机灭蝗；没有高草覆盖，老鼠成群结队，人们只好借助鼠药灭鼠。

然而，进入我们的保护区，就是另外一番景象。尽管与保护区外一样，高冈上的草本植物返青后枯黄，一些草本植物当年生长不起来了。然而，由于保护区内的物种非常丰富，深根系的沙地榆、沙柳、锦鸡儿，受到干旱的影响少，照样生长茂盛；多样化的草本植物对干旱有补偿调节作用，冰草倒下了，冷蒿、糙隐子草顶上来，照样将沙土覆盖，减少了水分蒸发；在固定沙丘，沙米、沙芥、沙鞭、锦鸡儿、沙榆、沙柳、茶镳子、羊草等植物，顽强坚守阵地，硬是不让沙子流动起来；在低洼地，喜湿植物利用有限的水分渡过了难关，迎来了降水。这样，由乔木、灌木、耐旱、喜湿的多种植物，形成了立体防御体系，对百年不遇的干旱进行抗争，最终迎来了降水，保护了土壤。这样，冬季和早春季即使有大风侵袭，也不会起沙尘暴。但在保护区外，严重退化的草原，失去了植被的有效保护，发生沙尘暴是不可避免了。

在保护区内，为什么虫鼠灾也没有发生危害呢？尽管保护区内，植物生长尤其喜湿植物受到了影响，但是，多样化的植物群落，减少了严酷的表土蒸发，这就弱化了虫鼠害暴发的物理条件。

更关键的是，在保护区之内，各种鸟类、食肉型捕食动物严阵以待，有效控制了那些害虫害鼠的数量。不喷洒灭蝗、灭鼠药物，没有环境污染，野生动物得到了保护。可见，没有了人类粗暴干涉，保护区(地)实际上是一个和谐的生物大家园，在异常恶劣的自然灾害面前，具有顽强的抗自然灾害的能力。巴音胡舒自然恢复案例，有力地证明，在大自然面前，人类的不作为恰好是最大的作为。

如今的巴音胡舒嘎查已成为治理的成功案例在国内外广为人知。人民日报、新华社、中央电视台等国内逾百家媒体；科学、纽约时报、时代周刊、路透社等几十家国外媒体对试验进行了报道。美国地理学家N. Pipkin教授等在他们编著的大学教科书《地理与环境》(第6版)中，增加了巴音胡舒案例。

目前，国家针对草原退化投入了大量治理资金，如草原造林、飞播、防虫、防鼠、打井、建围栏、开垦、引进奶牛品种、建奶站、扶贫、医疗、教育、生态补偿、生态服务付费等。然而，遗憾的是，主管部门各自为政，白白延误了宝贵的恢复时间，30年过去了，草原退化并没有得到有效遏制。今后应当将草原治理资金和新牧村建设资金集中向牧民头上倾斜，变破坏力量为保护力量。这样，国家可在短期内实现大面积草原生态恢复。

我们的实践表明，建立自然保护区（地），配合适度的人工促进措施，退化草原和沙地是能够治理的，且效果比传统的"各自为政"治理方法要好得多，且能够抵御自然灾害。现在我们处在关键时期，因为土壤还在，种源还在。如果持续退化，土壤被强风持续带走，种源流失，那么，生态恢复的难度就比目前要高几十倍乃是几百倍。亿万年形成的土壤是最宝贵的，没有的土壤基础，任何恢复措施都是徒劳的。

跋 / 田松

在文明的转折点上

很少有人会否认，人类的生存正面临着严重的危机，但是对于危机的原由与解决的方案，却有不同的理解。比如关于全球变暖，就存在几个层面的争议。第一，是否承认全球变暖；第二，承认全球变暖，是否承认由人类导致；第三，承认是人类活动所引起，是否主因为二氧化碳？

所有的社会都首先要解决生存问题：如何获得维系生存所必需的物质，使人类免于饥饿、贫困；然后，如何分配所获得的物质，实现公正、公平。在人类的漫长历史中，从环境中获得的东西是有限的，思想家致力于寻找更好的社会制度，或者改良，或者革命。然而，进入工业文明，有了科学及其技术，生存问题的解决有了一个新的方向——努力从自然中获取更多的物质！即使分配不公平，参与分配的每一方也能获得更多。生存问题似乎得到了缓解，但生态问题却不期而至。

工业文明给人一种假象，似乎科学和技术的进步是无限的，人对自然的索取也是无限的，于是有了单一单向的社会进步观，对于物质的获取成为最重要指标。人类社会内部的公正、公平问题并未解决，而是被忽略了。现代化是个食物链，上游优先获取下游的能源和资源，同时，把污染和垃圾转移到下游去。大自然成为这个食物链的最后一个环节。上游掠夺下游，人类整体共同掠夺自然。常常，上游对自然的掠夺也是通过掠夺下游来实现的。这种掠夺发生在一国之内的不同阶层、不同地区，也发生于国与国之间。大自然既为人类提供能源和资源，又承受着人类抛来的一切问题。生态问题向下游转移，首先导致下游地区的生态恶化，进而导致全球性的生态危机，使全体人类都面临灭顶之灾。

全球变暖是人类活动所导致的生态危机的象征。

其实，我们不一定需要二氧化碳来解释全球变暖。即使在露天的野外，点燃一堆篝火，也会使人暖和一点儿，再点燃一堆篝火，温度就会再高一点儿。物质不灭，能量守恒，热量是一切能量转化的最终形态。而当下的工业社会正是建立在化石能源的大量燃烧之上的。人类每天发电用电，相当于把远古的太阳点燃，挂在了天上。天上有了不止一个太阳，当然会全球变暖。

即使不采用变暖这样明确的说法，我们也可以承认，人类活动导致了全球生态系统的紊乱，并且，这种紊乱还在加剧，进而可以预言，类似于寒冬、暖冬、飓风、阴霾之类的极端天气和现象，会更加剧烈，更加频繁。

一切实践性的理论，都建立在两个前提之上，一个对当下的判断，一个是对未来的预期。对于当下的判断，是建设未来的基础。

我们所生存的世界处在一个什么样的状况？我们的生态问题和环境问题究竟严重到什么程度？

有人相信，问题是局部的，而且，是可以控制的，甚至是正在变好的。但是，把一个一个局部在地图上标出来，就会发现，问题已经是全面的了。再标上时间变量，就会发现，问题不是暂时的，而是长期的，问题也没有逐渐变好，而是迅速恶化。

以往人们普遍认为，垃圾问题是枝节问题、技术问题。但是在2009年，中国的垃圾问题全面爆发，愈演愈烈，成为日常事务的一部分。我们会发现，这些枝节问题再也不会退出我们的视线。于是，对于垃圾问题就应该有新的判断，正如污染问题，环境问题一样，垃圾问题内在于工业文明，是工业文明的一部分。

中国的生态问题和环境问题，全球性的生态问题和环境问题，无论把它们想象得多么严重，都不会比现实更加过分。工业文明就像一架轰隆隆的列车，越开越快，但是，前方五十米，就是悬崖！

我们的生态，早就不足以支撑当下的文明方式。

人类如果不及时找到新的文明形态，人类文明将会灭绝。

有人相信自然的调节能力，相信在这一轮文明灭绝之后，还会有新的文明出现。在人类以往的历史上，文明之间的转换更替并不鲜见。你方唱罢我登场，在雅典、玛雅、吴哥等文明的废墟之侧，总有新的文明出现，凤凰涅槃。即使伴随着生态灾难，也限于某个地区，某个民族。从全球范围看，大地依然是稳定的，坚实的，永不塌陷的。

但是，这一轮文明的毁灭，会将整个生物圈作为陪葬。人类将首先导致生物圈的紊乱，死亡，然后，人类自身随之死亡。所有的大型动物都会随之灭绝。下一轮文明，恐怕是老鼠和苍蝇建设的。

我们正处在一个文明的转折点。

在自然界中，没有任何一个物种可以单独存在，每一个物种都依赖于其他物种。人类也曾普遍地敬畏自然，敬畏生灵。但是在工业文明之后，却敢于把所有物种视为人类的资源，予取予夺。人类是一个不道德的物种。人类不尊重其他物种生存的权利，不能与其他物种和谐相处，也必然表现为生态问题与生态危机。

因而，建设生态文明，不仅仅是对于人的责任，也是人这个物种对于整个生态圈的责任。

然而，生态文明是个什么样子，应该如何建设？不同的学者会有不同的理念，不同的观点，也会有不同的建设方案。

有些人相信，保留工业文明的基本框架，在文明内部做技术性的改造，比如用所谓的"清洁能源"和"低碳技术"加以替换，就可以把工业文明改造成生态文明。这是当下最容易被接受的一种方案。但是这种方案是个幻觉，它非但不能解决既有的问题，反而会导致新的问题。以这种方式建设的不可能是生态文明，顶多是工业文明的最后阶段。

生态文明必然是与工业文明迥然不同的一种文明形态。要建设生态文明，首先需要对工业文明进行彻底的批判，包括技术支持方式、社会制度、对文明的理解，以及整个意识形态，都需要全方位地反思。其次，要从传统的文明形态中汲取资源。传统文化是人类曾经有过的，并且可能一直延续着的与自然和谐相处的文明形态，是未来的生态文明唯一可以借鉴的对象。前现代与后现代有着紧密的关联。

建设生态文明，是一个全球性的问题。生态文明可以首先在一国之内产生，但是，生态文明能否持续，取决于人类整体能否觉醒，能否及时转向。

人类需要切肤的危机感，才有可能建设坚实的未来！

图书在版编目（CIP）数据

中国生态六讲／蒋高明著. —北京：中国科学技术出版社，
2016.5（2020.8 重印）

ISBN 978-7-5046-7129-5

I.①中 ⋯ II.①蒋 ⋯ III.①生态环境－研究－中国 IV.① X321.2

中国版本图书馆 CIP 数据核字 (2016) 第 069777 号

策划编辑	杨虚杰
责任编辑	鞠 强　张 宇
装帧创意	林海波
设计制作	犀烛书局
责任校对	何士如
责任印制	马宇晨

出　　版	中国科学技术出版社
发　　行	中国科学技术出版社有限公司发行部
地　　址	北京市海淀区中关村南大街 16 号
邮　　编	100081
发行电话	010-62173865
传　　真	010-62173081
网　　址	http://www.cspbooks.com.cn

开　　本	720mm×1000mm 1/32
字　　数	180 千字
印　　张	9.375
版　　次	2016 年 5 月第 1 版
印　　次	2020 年 8 月第 2 次印刷
印　　刷	三河市兴国印务有限公司
书　　号	ISBN 978-7-5046-7129-5/X·128
定　　价	42.00 元

（凡购买本社图书，如有缺页、倒页、脱页者，本社发行部负责调换）